認識你的收納人格

The Clutter Connection

How Your Personality Type Determines Why You Organize the Way You Do

從個性出發，輕鬆打造好整理、不復亂、
更具個人風格的理想空間

卡桑德拉·阿爾森 —— 著　林幼嵐 譯
Cassandra Aarssen

給那些一輩子
都覺得自己邋遢、亂七八糟的人。
我來幫你了。

Contents

Chapter

11

前言

Clutterbug

“

天生就亂七八糟是一種迷思。

你並不亂，

只是每個人整理的方式不一樣而已。

”

你是否曾百思不得其解，為何你的小孩好像總是無法把他們的玩具收「好」？或是不管你多常提醒老公要把髒衣服放進洗衣籃裡，他就是辦不到？或許你自己也因為雜物、清潔習慣或效率問題而飽受困擾，所以只好接受事實——

你就真的只是個「懶惰」或「亂七八糟」的人。

我向你保證，天底下絕對沒有生來就「懶惰」或「亂七八糟」的人。

在本書中，我會告訴你，你和堆積如山的雜物奮力搏鬥的真正原因，及如何克服的簡單解方。

我將帶你體驗一種系統，來為具有你個人特質的整理風格解碼。我會為你介紹四種不同的「昆蟲收納人格」（Clutterbug），分析每種人格的細節，並協助你找出最符合自己情況的類型。而我之所以設計這個系統，是因為我無法使用傳統的整理方式，好讓自己從極度雜亂的狀態，成功達到井井有條的境界。雖然我以前打從心裡相信自己天生就是個懶惰蟲，努力嘗試任何改變都沒有用，不過，我後來卻藉由發現自己真實的整理類型，即克服了我的雜亂無章，我相信你也同樣辦得到。

我所創立的「昆蟲收納人格」，來自於我本人這輩子對抗雜物與凌亂的大作戰經驗。我將自己下定決心動手整理的動機發表於網誌上，然後開了 YouTube 頻道；接著很快地，我在我的社群裡與客戶們合作，幫助來自全球的無數家庭進行整理。就是在這趟旅程中，我才發現有某個環節，可以徹底改變我們如何整理家中的大小事。

那就是雜亂和性格之間的連結（clutter connection），它是相當普遍而簡單的事實。不論你是覺得傳統的整理方式好用、平素就乾淨整齊、沒什麼雜物的人，或是長期深陷凌亂煩惱的人（對他們來說，整理根本是不可能的夢想），都是如此。雜亂和性格之間的連結其實很單純：你囤積的雜物，與你確實擁有什麼事物，並沒有關係；關聯最密切的，在於性格類型，還有你的腦子如何運作。

不過，本書關注的重點，比較不是如何清理你的住家環境與生活，而是從源頭開始探索與破解——你為什麼會陷入雜亂的困境中？至於其中成功的關鍵，在於你如何發展出符合自己個性和整理類型的自我意識。

一旦你了解為什麼你是用這種方式在整理（或是根本不整理），就不會再為了雜亂無章而煩惱了。你會很容易地找到和自己的個性相得益彰、而非相互違背的整理風格與策略。知道並接受讓你獨一無二的元素是什麼，就能為你找出癥結並解決你的問題。

我們這一輩子都被建議應該怎麼整理住家，還有我們的整個人生。呈現在我們面前的，是一種單一解決方案——「乾淨整齊」的空間，好像每個人都可以輕鬆遵守似的。從我們還是小孩的

改變一個人所需要的，就是改變他對自己的覺知。

——亞伯拉罕・馬斯洛（Abraham Maslow）

時候，就被教導要如何保持書桌、活頁夾、房間的整潔，也被期待要遵守唯一的整理原則。我媽便老是叫我把我「亂七八糟」的房間整理一下，可是我明明剛整理過，顯然我對「整理」的定義和她的完全不一樣。我在學校的課桌、活頁夾以及置物櫃也總是一場災難，許多年來，無數個老師都說我沒有條理、七零八落，就因為我似乎沒辦法照著傳統的觀念來讓東西保持整齊。

從我有記憶開始，這種訊息一直傳遞的結果，已經讓我習慣認為自己是個亂糟糟的人。思考一下你的人生，你是不是也因為無法遵守傳統的整理觀念，而認定了自己就是個亂糟糟的人呢？

這種負面思考的問題，在於它們通常會成為自我應驗的預言。

我們對自己的看法，形塑了我們的整個人生。

而只要一談到整理，大家都被塞進了同一個方框裡——即便其中有些人的形狀其實是圓的。

現在該是我們跳出思考的框限，來面對「整理」的時候了！

也別再一直調整不管用的方式，試著專注在行得通的方法上吧！

我將讓你知道，光是釐清你的收納人格，你會變得更快樂、更有條有理，也有效率得多。我們即將一起來探索，並協助你辨認自己的性格與雜亂之間的連結。

整理這件事不是放諸四海皆準的。

聲明：這本書不是普通的自我成長書籍，我沒有一夜就能改變你人生的神奇解方，我當然也不會假裝我的生活井然有序。其實我整個人亂到不行，但我的亂，是經過「整理」的。

這是我的另一個聲明：我不會告訴你該如何整理家裡。我從沒看過你的家，怎麼可能知道如何整理？懂了吧，這正是你到現在為止一直遇到的問題——**你始終試著用普羅大眾對「整齊」的定義來整理你的居家與生活**。

本書可以為你做的事是這樣的：**它將讓你對自身的優點和能力有驚人的了解**。它會拿出一面魔鏡，讓你的性格清楚地顯現，並帶給你一份名為「自覺」的禮物。我則會變成你的個人啦啦隊，告訴你有哪些事情可以讓你找回那個超棒、有條理又很有效率的自己（即便你自己也不相信）。你馬上就要變成全方位的整理達人，為自己與家人設計出適合的整理系統。

我會給你一些我在自己的旅程中所學到的提示、技巧和訣竅，來協助你出發，最後你便可自由發揮這份新發現的天賦。一旦知道從何並如何開始時，你會對自己快速升級的整理技能感到驚訝。

這趟旅程並不輕鬆，可能會有幾天或是好幾個禮拜沒那麼順利，但我保證值得。你也許有些需要解決與改變的壞習慣，但我會引導你經歷這個過程，盡可能讓它愉快。你不一定每天晚上都會洗碗，髒衣服偶爾也會愈堆愈高——這就是人生。**但我可以向你承諾：本書提供你必要的工具、知識與自信，讓你遇到瓶頸時能夠重回軌道。**

很快的，比起失控，你將更處之泰然；你的生活會變得比較簡單。讓生活簡單，就是整理最重要的事；它就是在簡化並增進你日常生活的效率，如此你才能提高生產力、擁有更多時間，最重要的是，讓自己壓力減輕，更能感受幸福與快樂。我說的不只是住家的整理而已，而是關乎整頓你的整個人生，這比你以為的要簡單多了。

我怎麼會知道？因為我曾和你一樣。我甚至可以打賭，那時的我比現在的你更雜亂無章。我真的經歷過從門口到冰箱、浴室與床上都是衣服或垃圾的生活，只能勉強從中擠出一條路走動；當我試圖阻止這團混亂惡化，我的衣櫃、抽屜和任何一個收納空間都已被塞得滿滿，我永遠找不到東西。我人生的大部分時間總認為自己凌亂、一塌糊塗、精疲力盡，也老是遲到、老是沒錢、老是有被淹沒的感覺，完全是個魯蛇。

到底是什麼改變了？我怎麼能從超級邋遢鬼變成整理專家？我是怎麼從生活在完全亂糟糟的住家、還患有注意力不足過動症（ＡＤＨＤ）的家庭主婦，變成一個成功的整理事業經營者，還幫助了超過五十萬來自世界各地的人？**因為，我停止模仿其他人**。我不再試著努力模仿從電視或雜誌上看到的觀念和解決方案；不再嘗試親友都在用的方式來規劃、組織我的生活。**我不再複製別人的做法，因而發現了最適合我與我的人格特質的系統**。我不再為自己無法適應世人眼中那有條理、具效率的生活而過度自責，取而代之的是，我利用自身優點，來創造出屬於我的生活秩序。

我的住家並不完美，我也絕對不是完美的。**每件事情都得完美的這個想法，正是我最一開始的問題**。如今，我正擁抱著「已經夠好了」的自己，你猜怎麼著？我家現在時時刻刻保持乾淨整齊，而且我花在打掃和整理上的時間從沒這麼少過。我的事業興隆，效率超好，還能由衷地說出：我熱愛我的生活。我以前從來沒想過，一切都在掌握之中的這種感覺，可以發生在我身上。它讓我感到美妙又自在，我希望你也會有相同的體驗。

如果你看完書，沒什麼收穫，我希望你只要理解一個簡單的事實就好——你現在這樣就已經超棒了。我將告訴你怎麼擁有一個有條不紊的家，而不用在你的性格上做任何妥協或改變。

倘若你很難安排好自己的生活，總被雜物堆淹沒，或感覺你好像缺乏基本的整理技能的話，我建議你先放自己一馬。我要你接受這樣的可能性：上述負面的敘述沒有一個是真的，而你至今一直失敗的原因，是因為你一直都在嘗試為其他人的性格所設計出的解決方式。

愛因斯坦曾說：「如果你用爬樹的能力來評價一條魚，會讓牠一輩子都認為自己是笨蛋。」你就是那條魚，我的朋友，而傳統整理術就是那棵樹；還有其他方法，也有其他選擇。

等你讀完這本書，你的住家不會看起來跟我家一樣——拜託，我希望你家看起來和任何人都不像。你的空間將是你自己設計出的獨特創作，整理方式也符合你與家人的獨特風格，到處都能充滿你們一家人所珍愛的事物。

所以，我「完美得很不完美／不完美得很完美」的朋友，讓我們快點開始探索你獨特的整理風格，以及你該如何運用與生俱來的性格為自己設計夢寐以求的生活。

在我們一頭栽下去之前，先跟著我複誦：「我是一個努力、有效率又有條理的人。」

當然囉，你本來就是！再說一次！

「我是一個努力、有效率又有條理的人。」
現在，讓我告訴你為什麼這句話是真的，即便你自己都還不相信。

Chapter 1

亂七八糟的迷思

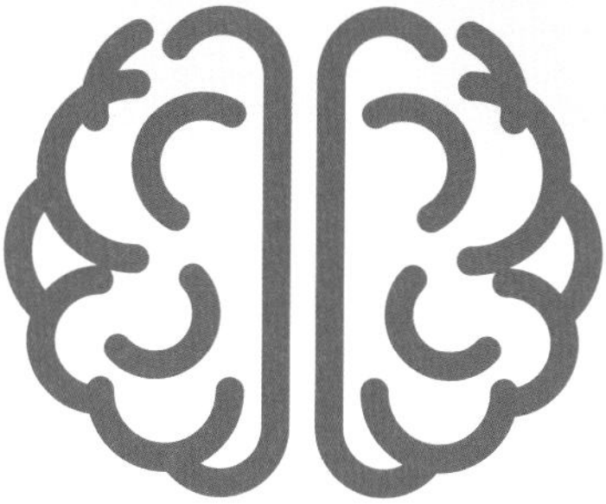

Clutterbug

「整理」這件事並非「一體適用」。
適用於一個人身上的，
大多不會適合每一個人。
整理系統必須和使用者、
以及他們的整個家庭一樣獨特。

我永遠忘不了那一天，我發現本人其實不算是什麼整理界的天才。在我與自己的雜亂無章搏鬥多年之後，終於意外發現，一個我真的會用、且能長時間維持的方式：我從電視和「Pinterest釘圖」上努力模仿的細節分類收納術，已經被我拋諸腦後。在因長年無法使用這些複雜系統而感到愧疚、自卑之後，我才明白：我的大腦就不是那樣運作的啊！我一直有嚴重的注意力不足和過動問題，當我想收起物品時，我缺乏耐心與自我約束來找尋對的位置。只要我一用完某個東西，我的腦袋就已經自動轉移到下一件事；所以要把東西收好的這個念頭，在我的腦海總是最後才出現。我需要完全不加思考的簡單解決法，甚至需要更輕鬆的方式來維持。這個患有注意力不足過動症的女孩，需要**簡單快速的整理術**。

我興高采烈地捐出幾十個對我來說搭配得很美、但從來都不甚實用的多層格收納盒，甚至把網購來的那套超貴文件櫃送人。我在它們原先的位置上放了漂亮的開放式收納籃，貼好簡單的標籤，讓我可以在東西使用完畢後，確實把它們丟回它們的家。我確信自己發現了整理術那遙不可及的終極目標——**整理得沒那麼整齊反而讓我更整齊**。聽起來很沒道理，但改變我對於整齊空間的刻板印象後，確實讓我變成一個更有條理的人。

就是這個新觀點，讓我深信我可能是整理收納界的超級天才。我開始跟任何可能願意聽我說的人分享我新發現的智慧。我會熱烈宣稱大部分的收納系統過於複雜，即便它們在理論上無懈可擊，但一般人就是不能、也不會長期地保持下去。而且我們在雜誌、電視或店面展示所看到的每一種收納術，往往都是為那些更注重細節的使用者打造的。我相信許多人的想法也與我雷同。

然而事實上，我先生在使用分類繁複的傳統收納術上卻完全沒問題，還覺得我的新式簡單系統有點太半吊子。我認為那是他的完美主義在作祟，想都沒想就駁回他的抗議。當然，那只是少數意見而已，不是多數人都這麼覺得。我和一些不修邊幅的親友分享我的新懶人整理法，知道他們全都有一樣的感覺後，真是讓我超興奮的；而且這個簡單的方式現在對他們也很有效。我一頭栽進如何處理雜物堆積的新觀點與新發現——**大多數的收納系統，只是為普羅大眾中的少數人格類型所打造的！**

我終於找到自己這輩子都在和雜亂纏鬥的原因，也以為已經瞭若指掌。我深深相信全世界的人都試圖強迫自己去遵循一種整理風格，卻不知道整理的方式不只一種。我對人生採取的「叛逆」態度終於成功了；大量從百元商店買來的塑膠收納盒與黑板標籤貼讓我飄飄然，接著我就開創了自己的整理事業，迫不及待想用新發現的專長和智慧造福世界。讓我很高興的是，我的「少即是多」整理術還真的流行了！但……只有一陣子而已。

我猜美好的事物一定都有個句點吧。

時間快轉到一年後，我僵站在一個客戶家裡的工作室，她正窘迫地解釋著我為她設計的文件收納系統「就是沒有用」。我忍住淚水（還好也忍住了對她施展鎖喉攻擊的衝動），因為這已經是在好幾個星期中，我第三次回來重新規劃她的空間了。我有提過我的重新規劃都是不收錢的嗎？沒錯，出於我在整理收納方面的自豪，我公開告訴所有客戶，如果他們不是百分之百滿意，我會免費幫他們重新設計空間，直到滿意為止——我現在超後悔自己曾給出這種承諾。

第三次造訪客戶的家之前，我覺得那個客戶純粹只是懶惰而已。第一次去的時候，我為她堆積如山的文件設計了簡單的收納籃系統，和我自家用的很類似。一個籃子放帳單、一個放收據、一個放現有的客戶資料……依此類推；不需要「電力」或「瓦斯」這類額外的細節分類，只用個漂亮的籃子，來裝一堆大致上整理過的綜合「帳單」。她對我的「天才」簡單整理術，反應不怎麼熱烈。

「根本什麼都沒有整理嘛。」在檢查完幾排成套、上面貼有「家用」、「說明書」、「稅務相關」等簡單分類標籤的籃子後，她嚇得倒抽一口氣，並說出那句話。她很堅持地認定她可能什麼東西都找不到，甚至比她一開始的那堆文件山更亂。我向她保證，這套系統對我之前的所有客戶都有用，她只要「習慣」就好了。一個星期後，她告訴我她永遠都不會習慣，也需要一個更注重細節的分類系統。她渴望秩序和完美，讓我十分震驚，因為我跟秩序和完美不是很對盤。顯然不是每個人都適合我的簡單輕鬆整理術。

我改用檔案櫃幫她重新設計。我為她打造一個傳統的歸檔系統，在共計幾百個分類細項上進行色彩編碼，用可愛的小標籤來標示她的文件大軍。我分類了……好幾天……然後生出一個一絲不苟、傳統上來說十分完美的文件歸檔系統，我甚至幫她的檔案印了一份紙本目錄與快速搜尋說明書。我覺得這太誇張了，但她非常興奮；她是個徹頭徹尾的完美主義者，而我為她的文件創造出一個「完美」的整理系統。

離開她家時，我接受了這個事實：果然還是有人熱愛傳統的收納術；所以要整理一個空間，

一定會有兩種不同的方式——簡單或精細。這兩種系統完全視個人的性格而定。傳統的A型性格（好勝心強、極度有條不紊、野心勃勃、完美主義者）需要傳統的精細系統；而B型人格（例如我本人）需要的是比較放鬆及容易使用的整理術。

一週後，我又回到她的辦公室進行第三次的重新設計，因為她無法用那組新系統「把任何東西收好」（我引述她的原話）。她把幾十個文件夾從檔案櫃拿出來，攤開在每個平面上，包括書桌、沙發，甚至是地板。她環顧亂七八糟的辦公室時羞紅了臉，悄聲說：「對我來說這樣才是最有用的，我得看到我的文件才行。我無法把它們放進檔案櫃裡，不然我絕對會忘記我有這些東西。也許我只是太懶惰了，才永遠都沒辦法好好整理。」

我在這一刻恍然大悟——她既不懶也不邋遢。這位站在我面前的優秀女性，不管從哪方面看，都跟懶惰扯不上關係。她有碩士學位、法律學位，最近還開了自己的律師事務所。她空閒的時候喜歡烹飪、縫紉和畫畫。懶惰和邋遢並不是她的辦公室被雜亂文件淹沒的原因。她並不亂，她只是在整理方法上和別人不一樣。

我應該要更早察覺到這點差異的——因為我自己和雜亂抗戰的時候，也覺得自己就是天生邋遢。我耗費了自己人生的前二十八年，去相信「我就是不擅長清潔和整理」這個謊言。事實上，我對自己懶散沒效率的這項認知，已經根深柢固到每次還沒開始做什麼新任務，就覺得自己一定會失敗。即使我願意改變、做了許多嘗試，也從來沒有相信過改變會成真，因為以前已經失敗過太多次了。

我曾經在家中弄了一套傳統的檔案收納櫃，但似乎就是缺乏動機將文件好好放回它的指定分類。拿進家門的郵件，從來都到達不了我先生設置的精細分類系統。我用過同款可堆疊的塑膠收納盒來整理浴室的鏡櫃，還仔細把藥品分類成「止痛藥」、「過敏」、「胃藥」和「繃帶」之類的。但真相是，不管我有多想，我永遠都不會在用完東西後花時間把它們放進正確的收納盒；我只會把東西擱在旁邊或放在盒子上，結果櫃子馬上就變亂了。

這個整理家裡、再重新整理家裡的瘋狂無限循環，一直到我不再試圖遵守「傳統」分類和細部整理的做法之後，才終於停歇下來。我停止糾結在自己究竟為何無法保持乾淨整潔的問題上，轉而開始研究起那些我能貫徹的規劃。一旦找出這些空間後，我只問自己一個簡單的問題：「為什麼？」

要是我只需要把那瓶止痛藥丟到一個標有「藥品」標籤、裡面還裝著其他藥物的大盒子的話，就可以輕鬆地讓它歸位。乾淨的衣服也不再以地上的洗衣籃為家，而是開始回到衣櫥裡，放進貼著「褲子」和「睡衣」標籤的開放式籃子。玩具、化妝品、辦公文具，甚至是食物，都可以從房間四散的角落被放回正確的盒子，這讓收拾變得快速又容易。對我來說，一套分類較為簡略、整理方式也沒那麼嚴格的簡單系統，是我成功的祕密。當我將這套方法複製在衣櫃、抽屜和所有的收納空間後，我就不再為混亂的雜物而困擾了，每件東西都開始能找到自己回家的路，就像魔法一樣。我仍在腦海裡與那個說我超級邋遢的聲音搏鬥，畢竟我不是以傳統的方式來整理、清潔家裡，但它確實也達到乾淨整齊的效果。

在我遇見那個有嚴重文件癖、優秀卻飽受挫折的律師客戶時，我還是試著把她塞進「傳統隱藏式收納」的框框裡。承認吧！大多數的收納方式不只分類得很細，也通常要你把自己的東西「放回去」，讓它們「眼不見為淨」，我甚至從來沒想過可以用其他方式收納。就是在那一刻，在我盯著她放得到處都是的雜亂文件時，又問了自己一個簡單的問題：「為什麼？」為什麼對她的腦袋來說，這些全攤在地上的文件會比存放在檔案櫃裡好？答案是：她屬於視覺整理派（visual organizer）。

我不再把她的文件收在檔案收納櫃或密閉式櫥櫃裡的盒子中，而是把她辦公室的一整面牆，從地板到天花板都用直立式的文件收納層架填滿。這些雜誌風格的收納櫃可以存放她分類好、也用色彩編碼過的檔案夾，這樣它們就不會在辦公桌和地上攤得到處都是，反而是一目了然地在她的牆上展開。我們也在桌子前方設置了布告欄和記事板，貼上重要提醒事項和啟發人心的名言，再加一塊收納壁板，把她日常使用的辦公文具都掛起來。這樣就完成了。

到最後，她辦公室的每一寸牆面幾乎都貼滿了東西：藝術作品、名人語錄，還有這套強調視覺呈現的收納術成果。這絕對不是我最理想的收納安排；事實上，我發現自己處在這個空間的時候，會覺得焦慮分心，完全不知所措。但這不是我的地方，而是她的地方。她明亮繽紛的辦公室不但不會讓她焦慮得受不了，反而可以使她專心、精神奕奕，也能帶給她靈感。這表示，我們倆的收納人格完全相反。

我們退掉了檔案櫃，售出她辦公室裡所有的隱藏式收納用品，並選用開放式的書櫃來取代。

她已經完全接受她的視覺派整理風格，也滔滔不絕、眉飛色舞地告訴我，她計畫把樓上廚房的壁櫃換成開放式層櫃。總之，她終於了解自己——**真正地了解，知道自己完全不是一個亂七八糟的人**，只不過是因為重視視覺感，因此在整理的時候會下意識地配合這一點。她因而如釋重負，當我看到她用全新的觀點來看待她的住家與自我時，感觸很深。

我也從她身上得到了啟發。這個靈光一現的時刻，對我身為專業整理師的職涯產生很大的影響。我了解到**「整理」並不能一視同仁。適用於一個人身上的，大多不會適合每一個人。整理系統必須和使用者、以及他們的整個家庭一樣獨特**。每個空間都得按照他們特有的整理類型來設計，才能維持乾淨整齊。就是這種全新的整理哲學，改變了我整理自己和客戶住家的方式，也幫助了來自世界各地成千上萬的人，讓他們終於可以好好整理，一勞永逸。

隨著我的專業整理業務愈做愈大，也開始協助全球為數眾多的家庭之後，我就決定要為我在許多人家裡看到的多元整理風格，進行研究、辨認和分類。有多年的經驗後，只要踏進某人的空間，或只須花幾分鐘聊一下雜亂的話題，我就可以立刻知道他們的整理風格。面對各種不同的類型，我可是專家，我甚至把範圍濃縮，歸納為**四種截然不同的人格類型**；但要把它們用簡單易懂的方式連結起來，就難倒我了。

起初，我設計了一個線上測驗來幫助大家找出自己的類型，但即便是測驗，也不可能百分之百準確。我尋覓許久，就是找不到一種簡單精確的說明方式，可以把我用頭腦學到、還有那些靠直覺「捕獲」的事表達出來。

我是直到在地方廣播電台受訪時才靈光乍現的——一切都可以總結成兩個簡單的詞：**豐富（abundance）和簡潔（simplicity）**。

當我被問到不同的收納人格時，我很難找到有哪個詞，可以用來描述熱衷於視覺派整理風格的人。有很多人想要確實地看到他們的東西，但如何以正面的方式來形容這樣的習慣，我的腦袋卻一片空白。視覺派的人會對傳統極簡的收納空間感到焦慮，就如同有些人會在令他們眼花撩亂的空間裡感到煩躁一樣。我對這些差異的解釋，以往通常都很枯燥冗長、令人困惑，但在這次的訪問期間，我突然被醍醐灌頂——「極簡」（minimal）的對應就是**「豐富」**。大約有一半的人希望他們的居家**在視覺上的呈現是非常豐富的（visual abundance）**——我終於找到一個簡單又正面的方法來描述它了！

因此，獲選的詞是「豐富」。相對的，我以前也用「極簡」這個詞，來描述那些偏愛把他們的東西收納到看不見的人格類型。不過這個詞的問題，在於它現在被「極簡主義」（minimalism）運動綁在一起；而雖然有半數的人對居住空間的要求，是盡可能將視覺分心（visual distraction）的元素降到最低限度，但他們實際上並不是極簡主義者（minimalist）。因此，我選擇改用「簡潔」這個詞取而代之。**這是視覺簡潔度和視覺豐富度的對比**。

我還能用簡潔和豐富這兩個詞，來形容另一個可分類出四種人格類型的指標。整理物品有兩種非常不同的方式：精細整理（micro-organizing）和簡略整理（macro-organizing）。精細整理指的是分類詳細，主要目標是精確和功能性；簡略整理的分類則比較寬鬆簡單，以方便使用為優先

考量。偏好精細整理、使用細微分類系統的人，追求的是**詳盡豐富的整理收納（organizational abundance）**；而比較喜歡簡略整理的人，需要的是簡單快速的方式，也就是**簡易扼要的整理收納（organizational simplicity）**。

這些人格類型會重疊嗎？當然，但我可以保證，一定會有某個類型比其他三類更符合你的頻率；**只要找出並了解你的收納人格，一切都會改變**。

現在，我已經知道要怎麼描述這四種人格了，我就為他們各自取了一個貼切的昆蟲稱號，「昆蟲收納人格分類系統」（Clutterbug Classification System）就此誕生。

四種昆蟲收納人格的分類如上圖。

你可以很容易分辨出你個人的整理風格：只要觀察一下，在你的住家或辦公室裡，何處有保持整潔。可能是客廳的某個桌子、抽屜或是書櫃，也可能是檔案櫃或你的日記本。問問自己，**這個地方是看得到、還是看不到？你比較喜歡看見自己的物品，還是把它們收在看不到的地方？這個空間使用的，是精細的（有許多較小的分類）、還是簡略的（有幾個較大的分類）收納方式？**

這個概念太簡單了，以致在這之前一直沒有人注意到。不要再試著強行讓你的居家與生活符合某種模式（然後又失敗），該是你創造自我風格的時候了。**對於這個從來沒有人想問的問題，你終於有了答案：「為什麼我的住家看起來是現在的模樣？在亂七八糟的背後，又代表著什麼意義？」**

在下一章，我們會深入討論這四種不同的收納人格；我們還會找出你的風格，這樣你才能夠以從來不知道的方式來了解自己。

所以，跟著我說一遍：

「我不邋遢，我是個有條理又有效率的人。」

現在，讓我來告訴你，要如何為自己證明這一點。

就是這麼簡單：根據人們如何整理與展示自己的物品，
就可以把人分成這四種類型：蝴蝶人、蜜蜂人、瓢蟲人、蟋蟀人。

Chapter 2

你是哪一種收納人格？

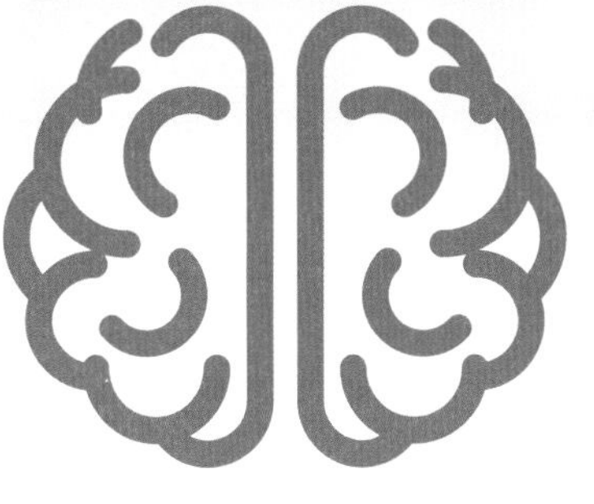

Clutterbug

“

你必須更了解你自己，

這樣你才能得到必要的自信，

像個老闆一樣

經營你的家庭、辦公室和人生。

”

昆蟲收納人格哲學背後的科學根據

在直接開始收納人格測試之前，我想先和你分享一些在這幾種不同整理類型背後的「科學根據」，以及我是如何發想出來的。

聲明：這其實沒有（或是說還沒有）已經驗證的科學根據。

然而，我花了許多年觀察我的家人、朋友和客戶，試著將他們具有的不同整理類型，連結到他們其他的性格特質，或是個人的成長乃至家族史。我想要更深入了解：為什麼有些人是視覺整理派，有些人卻不是？為什麼對某些人來說，每天使用分類精細的歸檔系統顯得輕而易舉，但其他人就只會陷入堆積的深淵？我深信一定有個簡單的方式可以把這整套概念統整起來，再打個精美的蝴蝶結。不幸的是，我愈是深入挖掘為什麼有些人的整理方式不同於別人的背後意涵，就距離簡單的解答愈遠。結果我才知道，人類和他們的心理特徵描述是非常複雜的！

雖然在我定義的每種類型中，有廣泛可用來說明多數人的共有特質，但這些特質當然不會在每個特定的狀況中都適用於同類型的人。所以如果你已經在想「我是蟋蟀型的人，但我家看起來比較像瓢蟲人的家」的話，也不用擔心；就像人生中的許多事物一樣，昆蟲系統也包含了很廣的幅度。在發想這個系統的起伏過程中，我還發現，有很多人格特質，是我以為會完美無缺地和某個整理類型契合的，但在現實生活中卻不是這樣。即使我有一顆反分析的腦袋，我仍想打造出一個測試系統，來提供具體、明白的資料，以供分析！然而最終，縱使這四種有著顯著區別的整理類型確實存在（而且也有成千上萬人此刻正在驗證這個理論），但要從這些類型中找出以個性為基礎的相似性（除了在整理方面之外），卻不是輕易就能定義出來的。因此，在我們深入探究時必須理解，既然對每種收納人格來說，都不是一張性格清單就能解釋清楚的話，那麼要創造一份百分之百準確的測試，是非常困難的。我警告的話先說在前面喔，這件事很重要。

整理風格和學習風格有關係嗎？

我的第一場苦戰是個好問題，不是嗎？我一開始確信，不同的整理風格和學習風格之間是有關係的。學習新資訊有很多種方式，而我選擇心理學家在一九二〇年代所發展出的「視－聽－動覺學習類型模式」（VAK learning style models），來作為昆蟲系統的理論基礎。直到今天，該模式仍然被公認為三種主要的學習模式之一。

什麼是視－聽－動覺學習類型模式？

根據許多心理學及教育學專家表示，我們大多數人會用以下學習方式的其中一種，來讓學習變得有效率：**視覺（visual）**、**聽覺（auditory）**或**動覺（kinesthetic）**。

在昆蟲收納人格測驗的早期版本中，我推論視覺學習者也會是視覺整理派，因為視覺動物在處理新資訊時，讓他們看圖片或圖表，學習效率會是最好的。同樣道理，比起閱讀白紙黑字的說

動覺

動覺學習者偏好親身體驗，喜歡實際動手的方式，如果能夠觸摸或感覺某個物體，也會得到很好的回應；比起讓別人教，他們更愛「自己想辦法」。

聽覺

聽覺學習者偏好聆聽資訊，對講座課程、小組討論或個別輔導的反應最佳。在學習時，把自己的聲音錄下來再反覆播放，效果也很好。

視覺

若資訊內容是以照片、示意圖或圖表方式呈現的話，視覺學習者能更有效地吸收並記憶。

明，聽別人講話能學得更快的聽覺學習者，應該會喜歡更為簡潔的生活空間。雖然這聽起來好像很有道理——很多視覺整理派的人的確是視覺學習者；我生活周遭的許多聽覺學習者，追求的也真的是簡潔的視覺。但事實是，這些推測可能會混淆視聽。

其實，在我精心建構的初版理論中，最自打嘴巴的反例就是我本人。我追求簡潔的視覺，但我百分之百就是個視覺學習者。雖然我極度渴望自己的理論能和學習風格有所連結，其中也必定有顯著的相關，不過也不是每次都正確無誤。

左腦與右腦

一講到視覺派，我就會想像他們是熱愛鮮豔色彩和華麗室內裝潢的那種人。相反的，當我想到簡潔派的時候，就會認為他們喜歡的是樸素、柔和的色調。因此，在發展這套理論的最初階段，我也輕率地認為一個人的整理風格和創意傾向是有關聯的。

我們很輕易就會推論熱愛視覺豐富性的人，一定比需要視覺簡單性的人來得有創意、更具藝術天賦。雖然這在很多時候可能是真的，但肯定不是所有人都這樣。我們也有可能會反過來推論，認為追求簡潔視覺的人，就不像視覺整理派那麼富有創意或藝術細胞——事情也絕對不是這樣。以我自己為例，我需要我的居家在視覺上看起來簡潔，但我同時熱愛手作和創作，認為自己很有藝術天分。我也認識很多視覺整理派的人，全身上下沒有哪個地方是有創意的。

天生或養成

「天生或養成」也是一個我必須考慮的面向。人們整理和維持他們住家的方式大相徑庭，它是否在其中扮演著什麼角色？人類是生來就具有某種整理類型的思維，還是後天習得的行為，並受我們父母的整理風格所影響？

我認為兩者都有關聯。幾乎所有我協助過、有囤積癖的人，都出自有囤物傾向的家庭。因此有人主張，這證明了它是一種習得行為。但如果這種容易對所有物產生情感羈絆的傾向，有一點遺傳成分在裡面的話呢？我們要怎麼解釋很多孩童雖然來自一塵不染的整潔家庭，在長大成人之後卻很難靠自己維持乾淨整齊？難道我們只能怪父母教得不好嗎？如果是這樣的話，為什麼生長於同一個家庭的孩子們，長大之後經常都有不同的整理風格，即便他們被拉拔長大的方式一模一樣？這些想法讓我回到更早期的論點，也就是它和一個人天生的人格類型有直接關係。

我現在希望這個假設永遠為真（而且我和許多客戶合作的經驗都是如此），也就是思考模式偏向邏輯分析型的人，幾乎一定會比較喜歡分類完整精細的整理系統。

我極度想證明這個我僅剩的性格特徵論點，但我最近遇到的一些分析型思考者，就是無法維持一套詳盡的整理系統，反而有求於簡單的收納法。也許我在本書中所列舉的嘗試和錯誤，會勾起哪個博士候選人的興趣，來針對這一點進行更深入的研究和合作。但在那之前，我只剩下……。

合乎邏輯的結論

你不能單憑一個人的個性來判斷他的整理風格。雖然一定有某些特質是每個類型中的大多數人都有的，但也不一定是百分之百的準確。

那麼，我們要如何辨認一個人的收納人格呢？發掘你的整理類型的最佳方式，就是去研究一下，現在有哪些系統是適合你的，就像我做的一樣。你在工作時能保持檔案的整齊嗎？只要鑰匙能掛在掛鉤上的話，你每次都找得到它們嗎？你是用手機來記錄約會，還是比較喜歡用手帳或掛在牆上的那種日曆？答案簡直可以說是每天都在你眼前盯著你（或是藏在哪個抽屜裡）。你只需要環顧四周，就能從一個全新的角度真正地看見自己。

記住：不是每個人的整理方式都一樣。並不會因為某套系統對某個人有用，就代表它對所有人都有用。雖然它的原因仍有很多討論空間，但我已經很熟悉實作的方法了。**我有來自客戶和全球線上社群的證言，他們只靠發現自己的收納人格，就改變了他們的生活與居家環境。**我也見識過在辨認出其整理類型之後，如何為當事人帶來立即性的效果；它影響的不只是你的空間，還有你的自尊與自我價值感。**你並不邋遢，只是每個人整理的方式不一樣而已。**

我每天會收到幾百封電子郵件，都是來自那些透過昆蟲系統真正地了解自己，而體驗到立即影響的人。現在我也會幫助你，讓我們來找出你的獨特類型，並且利用你的優點，協助你變得更有效率，過著更快樂的生活。

讓我們來好好整理吧！

跟著我說一遍：「我是一個努力、有效率又有條理的人。」

當然囉，你本來就是！再說一次！

「我是一個努力、有效率又有條理的人。」

現在，拋開那些「你的家看起來應該要怎樣」的傳統觀念，拋開你認為應該如何組織與計畫生活的想法。讓我們停止從他人身上找尋靈感，而是從「傳統的籃子」跨出一步，往自己的心中找尋答案。每次我們在體驗到多一點點的自覺時，也會同時經歷自我成長。**那才是本書的重點：更了解你自己，這樣你才能得到必要的自信，像個老闆一樣經營你的家庭、辦公室和人生。**

發現你的類型，就能在一夜之間把你的居家進行大改造嗎？當然沒辦法。會發生的是這些事：你會給自己亟需的一點寬容，不再說自己又亂又懶、毫無效率；那些都是在你過去的生命中，拖累你並造成阻礙的謊言。**你將以你真實的存在，來看待美妙又獨特的自己，還有你的住家。**不用再心猿意馬，也不用為了事情應該要怎樣而覺得不自在。**了解自己，代表的是能夠欣賞自己，也同時欣賞你擁有的一切。**這是一件困難的事，你得捲起袖子、關上電視，親自動手去做。不再有藉口、謊言與自怨自艾，這趟旅程會很辛苦，但也會很值得。

許多年來，我都嚮往著變成一個更注重細節、更符合「傳統上所謂有條有理」的人。幻想中的我，有一天會把她的電腦檔案整理成一個個乾淨又合乎邏輯的資料夾；她會花時間重新設計她的歸檔系統，把資料夾細分成很多小類，裝滿了同時用檔名和日期命名的檔案，以便搜尋。但現實生活中的我，電腦桌面上其實塞滿了垃圾檔案，害她連背景都看不到；桌面上也只有一個資料夾，叫「桌面雜項」，是她在桌面大爆滿的時候，用來拖曳存放所有未命名也沒有日期的檔案。我要怎麼找出重要檔案？就是在尋找檔案的視窗裡搜尋，然後認真地希望自己還記得當初到底把它們存成什麼樣的檔名。

一個分類更詳盡的檔案資料夾真的適合我嗎？不見得。我以前曾設立過很多不同的系統，但它們最後的下場，都是被丟到「桌面雜物」的資料夾裡。我真的想要把我的電腦整理得一絲不苟，但事實上我根本不會花時間按繁複的原則來存檔、歸類……那就不是我啊。我希望我是，也嘗試過改變，但結果就是不可能長久。我需要的反而是像「照片」、「行銷」、「網誌文章」、「影片」等這種簡單分類的桌面資料夾，讓我可以拖曳存放檔案，把它們備份到雲端，以免我不小心刪掉什麼重要的東西。儘管我這麼想成為熱愛細膩入微的細節人，但我在日常使用上需要的卻是快速簡單的解決方式。我應該因此感到內疚，然後痛批自己一頓嗎？當然不用；**人生太短暫，用來為資料夾哭泣太可惜了；哪個方式對我有用，才是最重要的。**

現在，該來進行昆蟲收納人格測驗了。

但首先有一些說明：

要誠實！把你幻想中的自己擺在一邊，我們不需要那個人來回答問題；你從那個人身上不會學到任何有建設性的事情。那樣一來，你會選擇的選項，只有那些你渴望或認為「應該成為」的描述，而不是針對此刻的你以及實際情況。也許你會覺得擁有整理得十分完美的衣櫥這個點子很不錯，可以把你的衣服依照風格、季節和顏色來分類；也許你告訴自己你做得到……也許有一天……等你比較有閒、有錢、有空間的時候。但如果現在你眼前的衣服是堆成一堆放在地上的，那麼清楚分類的完美衣櫥就只適合這個幻想出來的自己，而不是活在現實中的你。有時候我們對自己的期望其實荒謬到根本無法達成，而這些無法達成的目標唯一能造成的效果，就是讓我們產生自我厭惡，並成為我們永遠不開始動手的藉口。

該是時候拋開那些東西看起來就是「應該」要怎樣，還有我們「應該」要怎麼做的成見了；就把它們丟在一邊吧。

現在該是我們**依據真實的自我，以及真正適合我們的東西**，來設計自己住家、計畫自己生活的時候了——但唯有你誠實以對，這件事才會發生。我會拿起一面鏡子，讓你知道你是誰，也會告訴你如何利用你收納人格具有的天生優點，來克服你的缺點。本書不是那種為了讓你變成一個更好、更閃耀的自己而寫的心靈成長書籍；**你現在這樣就已經很棒了**，所以誠實地回答問題，開始找回原本就是整理達人的那個自己吧。

最後一件事：在進行測驗時，請務必理解，你家的現況是在家裡生活的所有類型的結合，包括你的配偶和小孩都有參與。因此，在回答接下來的問題時，記得以主要由你負責維護的空間為準，如此區分，能幫助你更了解自己的收納人格。

我們開始吧！

你獨特的整理風格是什麼？

你喜歡閱讀：

1 圖片很多的雜誌或網誌
2 非文學類書籍
3 文學小說
4 報紙或實用性指南

你覺得你最大的雜物整理問題在於：

1 我的「東西」到處都是
2 文件和重要物品的收納
3 藏在衣櫥、櫃子和空房裡面
4 我留著太多以後可能用得到的東西

你家的收納狀況看起來通常是：

1 有點雜亂，會擺出我平常使用和喜愛的東西

在我的網站上也
可找到這個測驗

2 大致整潔，但若還沒想到更好的方式收納，寧願把文件或雜物先堆著

3 非常乾淨整齊，但看不見的櫃子和抽屜內部可能是一團亂

4 如果事情還未告一段落，我不希望這些物品被收拾到我看不見的地方

你覺得要丟掉下列哪種東西最困難？

1 有情感連結的物品

2 入手時很昂貴，或是現在狀態仍然很好的東西

3 我覺得很美或喜歡欣賞的東西

4 備品、工具，以及還有用的其他東西

你房間看起來通常是：

1 擺滿我最喜歡和最常用的東西

2 相對乾淨，但偶爾會有幾堆需要處理的雜物

3 大部分都很乾淨，但櫃子、抽屜和看不見的地方都亂七八糟

4 日用品會堆在外面，等確定用完，之後才會好好收拾

說到打掃房子，你通常是：

1 需要先花時間把東西弄整齊，才能開始打掃
2 家裡不但維持整潔，且有條有理
3 因為我喜歡打掃，因此房子很乾淨
4 想要有個真正乾淨的家，但往往會想太多，成為整理的障礙

你理想的工作室是：

1 色彩明亮鮮豔，所有用具都用漂亮的容器裝起來，陳列在層架上
2 所有用具都一絲不苟地收納在不同容器中，放在櫃子裡
3 每件物品都收到看不見的地方，只有一些賞心悅目的裝飾品除外
4 所有工具都整理得整整齊齊，掛在收納壁板上方便拿取

你比較喜歡你家的裝潢風格看起來：

1 明亮有趣，充滿視覺豐富性
2 視覺上盡可能簡潔，但在收納功能上必須精細且有條理
3 視覺上盡可能清爽，漂亮又令人著迷
4 在收納上須注重條理，但也希望能看得見物品的所在

對你最有用的整理收納系統是：

1 用起來快速又簡便的視覺系統，例如掛鉤或層架上的開放式籃子
2 詳細分類的隱藏式系統，例如檔案櫃或多隔間收納箱
3 簡便好用的隱藏式系統，例如在衣櫃中放籃子，或是抽屜分隔板
4 細心規劃過的視覺系統，例如收納壁板或透明抽屜

你最大的整理收納挑戰是：

1 我不喜歡把東西收在看不到的地方，我怕會忘記它們的存在
2 我只是還沒有安排時間來好好整理某些區域而已
3 我容易將所有東西收到看不到的地方，卻忽略整理內部
4 若把我之後要使用的東西收起來，我會感到焦躁

如果朋友打電話來，說他們十分鐘內就會到你家，你會：

1 盡可能瘋狂地把雜物收起來，收得愈乾淨愈好
2 稍微清潔一下就可以了
3 擦一下餐櫃，把任何髒亂的東西藏起來，再快速刷一下廁所
4 不管我本來在做什麼，我就是要把它做完

你比較喜歡你的日用品：

1 放在視線內、方便用的地方，不會隨意亂放
2 整理得很仔細，並妥善地收納起來
3 收在看不到的地方，但還是能很快輕易找到
4 為了取用方便，全都很整齊地擺出來

你透過哪種方式最容易記住事情？

1 視覺的圖示和說明
2 閱讀與研究相關資訊
3 有人示範給我看怎麼做
4 靠自己摸索

請選擇最適合描述你的句子：

1 我用完東西後很難把它們放回去
2 我有一點完美主義，喜歡盡可能減少雜物
3 我喜歡家裡看起來整潔無瑕，但我會把東西藏在看不到的地方
4 我喜歡功能性強大的空間，讓工作和從事興趣都更容易

你喜歡讓自己心愛的物品：

1 展示在我總是看得見的地方，這樣才不會不見
2 以適當的方式存放起來或展示出來，這樣它們的壽命才會長久
3 弄得乾淨整齊，用賞心悅目的方式擺設
4 希望東西放在看得見的地方，但也須注重條理細節

你喜歡家裡怎麼布置？

1 鮮明的色彩和大膽的藝術作品
2 極簡中性的顏色
3 跟隨目前的設計趨勢
4 實用且功能性強的單品家具

你想要一個什麼樣的家？

1 有趣、明亮與舒適
2 極簡，功能導向
3 極簡，賞心悅目
4 實用有效率

你是哪一種昆蟲收納人格？

算一算你的答案，你回答最多的是1、2、3還是4？你也可能是這些整理類型的綜合體！

若你大部分回答1，那麼你是蝴蝶人！

若你大部分回答2，那麼你是蟋蟀人！

若你大部分回答3，那麼你是瓢蟲人！

若你大部分回答4，那麼你是蜜蜂人！

收納簡易

視覺豐富

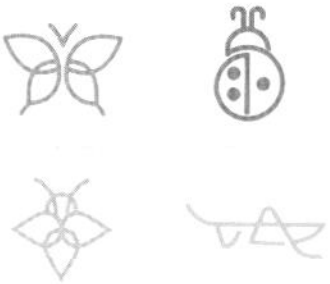

視覺簡潔

收納詳盡

也許你會發現，即使你是這四種類型的綜合體，還是會有某個類型特別突出。或是發現你在家裡或工作地點等不同空間，也有不一樣的類型展現。這很常見，但我可以保證在你繼續閱讀本書時，一定會浮現出一個讓你最清晰認知到的昆蟲收納人格。不管測驗結果是什麼，我都建議你讀完每一個章節。

在接下來的幾章，我會仔細分析每一種收納人格，並且提供實用的解決方案，來協助你運用你的優點打造新的日常系統，而且——沒錯，終於能讓你一勞永逸地好好整理你的生活。我也會教你學習，如何與你周遭那些可能和你類型迥異的人一起生活、工作及整理的魔法。跟著我的腳步，讓我們開始邁向整齊、清爽又有效率的人生旅程！

Chapter 3

蝴蝶型人格

The Butterfly

“

蝴蝶人很少專注在小細節上，
相對較傾向於看大方向。
他們比較喜歡看到自己的東西，
因為害怕「看不見就會忘記」。

”

“追求豐富的視覺和簡易的收納”

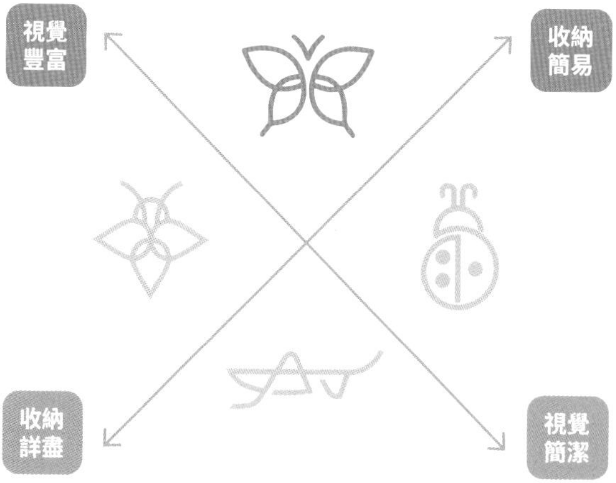

克莉絲汀娜・丹尼斯（Christina Dennis）／提供（www.thediymommy.com）

蝴蝶型思維

蝴蝶型的人喜歡玩樂，創意十足又外向。他們是典型的夢想家，習慣只看大方向的思考，花大把時間發明超棒的點子，也確保自己做事的當下樂在其中。對蝴蝶人無憂無慮的天性來說，秩序、結構和規律並不是順理成章的存在；因此，傳統的整理收納常讓他們感到棘手。

一般來說，當我們一想到整理，腦海中浮現的就是這副景象：經過仔細分類的物品，收納在密閉式的儲藏室、櫥櫃和抽屜裡。從學校的課桌椅到文件櫃，每樣東西都是以這唯一的系統為依歸——但這和蝴蝶人大腦的運作方式完全相反。

在這個只顧及單一收納人格的世界中，只要是不符合既定模式的人，就很容易覺得是自己的問題。**比起其他類型的昆蟲收納人格，蝴蝶人更有可能覺得自己一輩子都活在骯髒與凌亂之中。**當一個孩子努力保持房間整潔，採用的卻不是適合他思路的收納方式時，我們就是在強迫他適應既存的系統。這種方式幾乎不管用，還經常害小孩被責罵懶惰。但可別誤會我的意思，雖然小孩本來就亂七八糟，但這是不同的情況。身為父母，你需要審慎地檢視你自己及孩子，釐清有多大成分是因為年紀小才雜亂無章，又有哪些是因為小孩天生的整理類型和你的期望有所抵觸。幫助孩子透過自己的優點和潛能進行整理，也能避免你的理智斷線。

但不幸的是，若有人、或是你自己告訴自己，你生來就是個邋遢傢伙的話，這種預言很快就會自我應驗。對蝴蝶人來說，物品使用完卻不放回原處的終極藉口，就是：「反正我這人就是亂七八糟。」我不怪你這麼想；你以前可能努力整理過、卻失敗太多次，才乾脆放棄算了。光是想到要整理和打掃家裡，就讓你招架不住、望而卻步，因為你知道你辦不到。這是你內心的藉口，而且你很可能根本沒意識到這是你對自我的催眠。

要是你覺得這種場景似曾相識，並不表示你是個邋遢的人，只是每個人整理的方式不同而已！**從今天起，不要再認為你辦不到了**。該是時候拋開這些藉口，並開始了解你的大腦是如何處理「整理」這回事了。我將陪著你運用自己的優點，來設計一個最終能讓你的收納整理一勞永逸的系統。

但如果你坐在那裡想著：「那聽起來不太像我啊，我沒那麼亂七八糟，可是測驗說我是蝴蝶人。」讓我來澄清一下：不是每個蝴蝶人都會為雜亂問題傷透腦筋。很多蝴蝶人都擁有整齊清爽的居住空間。一旦你了解自己的風格，你也可以用簡單的整理方式，為自己打造重視豐富視覺呈現的家。

身為蝴蝶人，不代表你家就注定會漫無條理。本章中大多數的漂亮照片都來自這位能夠鼓舞人心的天才設計師：「The DIY Mommy」的克莉絲汀娜（Christina Dennis），她就是一位徹底的蝴蝶人！克莉絲汀娜是我到目前為止最喜歡的室內設計師，她的 YouTube 頻道、網誌和 Instagram 充滿了美麗的蝴蝶型空間。她的住家明亮鮮豔，充滿豐富的視覺呈現，她所歸納的整理術也十分簡單。如果你正在尋找給蝴蝶人的靈感，只要上「The DIY Mommy」的網站就對了。

不過為了本書內容，我要把重心放在那些尚未接受自己的個性、因此現在

The DIY Mommy

正為了整理收納而煩惱的蝴蝶人們。

蝴蝶的美麗蛻變

身為一個蝴蝶型的人，你**非常注重視覺導向**，喜歡看見你所有的東西；因為你害怕在它們從你眼前消失的那一刻起，也從你心裡消失。無論你有沒有察覺到，把你的東西「收起來」確實會帶來焦慮。潛意識中有一部分的你相信，如果你把最喜歡的襯衫掛在衣櫥裡，你可能根本就會忘記這件襯衫的存在。大部分的蝴蝶人都有衣服散落在衣櫃或地板上的現象，但櫥櫃和抽屜裡基本上都是空的（除了他們不太穿的衣服以外）。

我推測這種恐懼和焦慮，是因為你多年來確實曾把自己的東西搞丟過，或是忘記它們的存在。我的孩子在他們還小的時候都是蝴蝶人，和大部分的幼童一樣，如果我把一個玩具放在櫃子裡或高處的層架，他們就會徹底遺忘。無論何時，只要我拿出他們好幾天都沒看到的東西，都可以搞得像耶誕節早晨一樣。對他們來說，他們看得到的玩具是全世界最特別的東西，但只要這些玩具不在視線範圍內，就會從他們的腦子裡憑空消失。

身為一個視覺整理派，當你能很清楚地看到你的物品時，你和它們就有所連結；但當你看不見，它們就真的不存在於你心裡了。

我將讓你大開眼界。**傳統的收納整理系統都是要你把東西藏起來，這幾乎和你大腦自然運作的方式完全相反，難怪它們對你永遠都沒用。**現在就開始改變吧！你現在知道這件關於你自己以

雪倫・卡特（Sharon Carter）／提供

及你的頭腦如何運作的神奇祕密了。對於你為何總是很難把東西收起來，現在就有了解答；你可以馬上設計一個符合你思維類型的視覺系統，來建立一個維持整潔的新習慣。

這並不代表每樣東西都得留在視線範圍內。你已經不是小孩了；即便你沒看見，也不會忘記每一樣你所擁有的東西。真正關鍵的是不可或缺的日常用品，包括鑰匙、待繳帳單、手機、行事曆、便利貼、維他命、每日用藥，以及其他你常用、也覺得很重要的東西。這類物品必須維持在看得到的地方，因為東西不見所引發的健忘焦慮，只會導致你把每一件物品都留在外面。別擔心，花生醬還是可以放在餐櫃裡，但因為你這麼多年都不把它歸位，所以得提醒自己要把它放回去。

蝴蝶人會發現自己陷入的另一種整理矛盾，是大部分的收納術用的都是精細分類的整理方式，但它就是不適合你。事實是當你用完某件東西時，你那神奇的大腦就已經開始向下一件事飛去了，不會停下來思考要怎麼把那東西歸位。如果把某件物品收起來是困難或複雜的，你就不會做。並不是你辦不到，而是它並不在你的優先事項裡，所以你甚至連想都沒想到。基本上，你患有整理收納上的注意力不足過動症，但這並不是壞事。你腦袋的運轉時速通常有一百英里，但只要設置好正確的系統，你也可以不用一直急踩煞車，且還能把這些雜亂問題拋在腦後，揚長而去。

蝴蝶人要成功的話，需要清楚可見、簡單快速的簡略整理方式。讓我們來看一下典型的浴室櫥櫃。傳統收納的樣貌，看起來會是堆疊起來的個別收納盒，內裝著不同類別的物品。一個盒子放止痛藥，一個放過敏藥，再一個放感冒藥……

但老實說，如果你在頭痛時翻出一瓶阿斯匹靈，你之後真的會花時間再打開收納蓋、放回阿

克莉絲汀娜・丹尼斯／提供（www.thediymommy.com）

斯匹靈，然後把收納箱重新疊回去嗎？不會吧，你會把它留在你吃藥時擱著的那個檯子上。

現在想像一下，你只需要把藥瓶丟回一個開放式的大收納盒，裡面有你的所有藥品。使用透明的盒子更好，這樣你就可以看清楚裡面有什麼。現在，你會把它收起來嗎？這種收納看起來像是沒有好好收納，不過相信我，這種簡略的系統才是對你有用的。當然，下次你需要阿斯匹靈的時候，得多花幾秒才能從盒子裡把它撈出來，但你也會一直記得阿斯匹靈在哪裡。你可能現在馬上就在想：「我上次到底是在哪裡吃阿斯匹靈的啊？」對你來說**多花幾秒把東西找出來並不是問題，需要被簡化的是物歸原位的部分**。額外花幾分鐘，為這個簡略分類的藥物收納盒做張大型標籤，這樣就能保證你的腦袋能確切記得裡面有什麼，也將減輕你忘記或「搞丟」東西的焦慮。

蝴蝶人鮑伯

我有史以來的第一位男客戶就是徹底的蝴蝶型人格。在這個故事中，我將用「鮑伯」來稱呼他。我第一次走進鮑伯的家，立刻就判定他的收納人格是蝴蝶型——每個平面上都隨意地放著物品。他的桌子、廚房櫃檯，甚至連地板上都有東西疊著，且攤得到處都是，幾乎每一寸都被掩蓋。進大門的左邊，有一座壁櫥，當我打開時，裡面只掛有一件外套，還有地上的幾雙鞋子。我注意到距離門口足足有三公尺的樓梯扶手上，至少披了三件外套，大門旁邊還有鮑伯堆積如山的鞋子。我問他壁櫥裡的外套和鞋子是怎麼回事，他紅著臉，坦承自己從來沒有穿過那壁櫥裡的東西。他不知道自己為什麼不用那座壁櫥；對他來說，把外套掛在樓梯扶手或椅背上就是比較輕鬆。

現在，你們之中的有些人也許會覺得鮑伯就只是懶惰而已。他幹嘛不把外套掛在壁櫥裡就好？其實，他要從門口走到掛外套的扶手，距離反而更遠，只把它丟到衣櫥裡的話還更快，且不費力。所以這跟懶不懶惰無關，而是因為鮑伯需要的是看得見的收納方式。

鮑伯的廚房櫃檯也堆滿了紙張。帳單、報紙、便利貼……整疊紙類蔓延的寬度超過九十公分。我問他為何文件堆會變得如此失控，他老實回答說，他沒有注意到這堆紙已經疊到這麼高了。鮑伯太習慣這堆紙，以至於對它視而不見。他難為情地說自己想把文件都放到樓上的辦公室裡，但從來都沒有動力拿上去。這堆紙太大疊，讓人不知道該怎麼辦，他就是不想花時間整理。我造訪過的每戶蝴蝶型住家，幾乎都有一模一樣的問題：它們要不是日常用品沒有固定擺放的「家」，就是這些用品的「理想的家」不夠視覺化、使用起來不夠簡單。

鮑伯的辦公室離大門太遠，以至於在他進門時，無法成為一個放置信件的理想位置。而因為沒有專門放置信件的「地方」，他就把它們堆在廚房櫃檯上。鮑伯過去曾經嘗試整理他的文件，他購入一個檔案櫃，甚至連各種不同顏色的資料夾都買了，但最終仍是失敗了。鮑伯並非不會設置文件歸檔系統，**每天花時間使用才是他真正苦惱的問題**。在多年的失敗後，他乾脆放棄嘗試——幹嘛還要繼續費心呢？

在協助蝴蝶人整理收納時，我會以消滅所有藉口為主，來設計周圍的空間。辦公室太遠？那就在大門旁邊做一個吊掛式的文件收納架，用來放信件和學校的文件。櫥櫃讓你看得不夠清楚嗎？那就把門拆掉，另外裝上掛外套和背包的掛鉤。

瓊安・麥凱特（Joan Mykyte）／提供

蝴蝶型的住家設計，需要把「一分鐘法則」修改為「五秒鐘法則」。一分鐘法則指的是，若完成某事所需的時間不到一分鐘，那你就必須立刻去做。**對多數蝴蝶人來說，如果你可以設計出一間把東西放回去不用五秒鐘的住家，他們就沒有藉口不去完成它。**

至於鮑伯的家，我以雜物堆積得最厲害的地方為基礎，來設計他的收納系統。我在他前門旁邊掛了一組文件架來放信件，並且清楚地在上面貼上標籤。我也幫他弄了一座掛鑰匙的掛鉤，還有固定在牆面上的層架，讓他一進門就有地方放錢包和手機。我拆下門口壁櫥的門，裝上給他掛外套的掛鉤，再放幾個籃子在地上，他一進門就可以把鞋子甩進去。在他最愛的閱讀椅旁邊放個貼著「報紙」標籤的簡單籃子，就能降低廚房櫃檯的紙堆高度。

鮑伯的髒衣服堆積在他房間的一角，所以我就在那裡放一只大洗衣籃。我把他馬桶上空空如也的藥櫃拆下來，裝上開放式層架，放他散亂在洗臉檯上的沐浴用品。我用了透明收納盒——很多的透明收納盒，也繼續為它們貼上大大的標籤，來配合他的視覺派整理風格。我幫他屋內的東西做了簡略的大致分類，並確保他的日常用品都有「自己的家」，可以輕鬆地物歸原位，而且就設置在他最常使用它們的地方。

我們丟了鮑伯房間裡的抽屜櫃，並選擇放上大籃子的開放式層架來取代。他不想把他房間壁櫃的門拆掉，於是我們採取折衷的方式——他同意讓櫃門隨時維持敞開的狀態。我也在他的浴室門後裝上鉤子，來掛那些「還沒髒到要洗」的衣服，像是牛仔褲和毛衣……本來它們都是掛在門把或披在抽屜櫃上的。

瑞秋・道得（Rachel Dowd）／提供（@SweetandSimpleHome）

最終的成果是，一個以視覺整理術規劃過的家誕生了，用了大量的層架、掛鉤和透明收納盒。我也確保每個收納處都已經貼上標籤，以消除鮑伯下意識會找的藉口——也就是認為如果他看不到東西的話，就會「忘記」它們的存在。

我告訴你，沒有什麼能比看著一個大男人流淚還讓我感動的事了，所以最後我和鮑伯一起小小地喜極而泣了一下。鮑伯活在這個星球上整整四十三年，都相信自己懶惰又邋遢，永遠不可能有一間整齊的房子。他對自己居家的不安全感，不僅阻礙他的社交，也擾亂了他的愛情生活。他一直沒有結婚，也早就放棄結婚的希望了。「誰會想跟一個邋遢鬼在一起？」這是他已經告訴自己很多年的謊言，也是他從不踏出舒適圈的藉口；現在，那個藉口終於消失了。

我不會告訴你鮑伯在一夜之間就變成了潔癖狂，他必須盡量改變自己的習慣，而這需要時間和努力。鮑伯的家現在可以乾淨整潔又井井有條的原因，是因為**他有個不會辜負他的收納系統**。**他的家是為了配合他的整理類型而設計的，而不是和他的習慣背道而馳**。他已經拋下了他告訴自己一輩子的「懶蟲故事」，並了解到他只是屬於需要簡略收納術的視覺整理派而已。

真希望我能跟你說鮑伯現在已經幸福地結婚了，但實情是我也不知道。當初是鮑伯的媽媽預約了我的服務當作他的生日禮物，我們已很多年沒有聯絡了。我偶爾還是會想起他；我想到他時，就會想像他已經有一段穩定的感情關係，身邊也圍繞著一大群他自己的可愛小蝴蝶。

也許你和鮑伯一樣，也或許有其他方面更教你的蝴蝶腦困擾。唯一一件重要的事，是你必須了解哪一種收納系統適合你，還有到目前為止其他的方式都會失敗的原因。知道自己是個需要簡略收納術的視覺整理派，能幫助你克服自己的「懶蟲故事」，並把那個本來就有條理又有效率的你找回來。因此，讓我們深入你的優點，來打造一個特別為你設計的家吧。

蝴蝶型剖析

還不確定你是不是蝴蝶型嗎？

以下是一些蝴蝶人共有的人格特質：

- 蝴蝶型的人非常仰賴視覺呈現，他們喜歡看到他們全部的所有物，害怕要是「沒看見的話，就真的會把它們給忘了」。
- 有創意、無憂無慮和喜歡玩樂是蝴蝶人常見的特質。
- 如果你的抽屜櫃上方和地板上都有衣服，但衣櫃和抽屜卻幾乎是空的（除了放那些你不用或不愛的東西），那你很有可能是

蝴蝶人。

- 蝴蝶型的人會專注於生活的全貌，而不是小細節。
- 蝴蝶人比較喜歡把他們的所有物展示出來，即使可能只是出於潛意識、而不是很正式的擺設，也不會把東西收在抽屜裡或關在門後。
- 蝴蝶型的人很常覺得整理這件事讓人手忙腳亂，因為他們過去在使用傳統收納系統的時候曾經失敗過——但這些傳統收納術是專為偏好把東西「藏」起來的人所設計的。
- 蝴蝶人需要簡單、快速的簡略整理系統，以及透明或貼上清楚標籤的籃子和箱子。
- 蝴蝶人與他們的所有物之間有很強的情感連結，很難把它們捨棄。

蝴蝶人的優點

蝴蝶人是創意十足又有強烈直覺的思想家，他們的腦筋動得很快，常常跳躍思考。這正是我選擇蝴蝶來象徵這種收納人格的原因。你曾仔細看過蝴蝶在花叢與花叢間飛舞的樣子嗎？牠們優雅地四處遊逛，對於下個目的地要選擇哪一朵花，完全沒有系統性的路徑。牠們會被最明豔美麗的花朵吸引，本性也很輕鬆隨和。蝴蝶人不需要精心組織的死板例行公事才能把他們的事情做好，無憂無慮也能輕鬆快樂地過日子。

你在設計居住空間的時候，需要反映出蝴蝶這種昆蟲的輕鬆愜意，因為你的大腦正是這麼運作的。你的整理風格必須能讓你在日常生活中飛舞搖曳，使用的收納系統也得反映出你自由自在與視覺派的天性。

簡單是你最大的優點。在一個人人都掙扎著追求內在完美主義的世界中，你卻可以用更寬廣的視野來檢視事物的全貌。你的腦袋會自動把事物分成較大、較簡單的類別，這樣自然而然就能夠簡化生活。你的大腦不會專注在每個小細節上、並為此感到壓力，這給了你把焦點放在其他事物上的能力，例如創意。我遇到的藝術家有很大部分都是蝴蝶人！

你可以努力發掘自己的天性，打造一個簡單、美麗，又有豐富視覺享受的住家，藉此反映出你其實是個什麼樣的人。

以下是適合你美麗的蝴蝶腦的方法：

盒子、盒子，還要更多盒子。幾乎任何地方都買得到三十公分寬的便宜**透明塑膠盒**，但我最愛的還是百元商店的商品。對你家裡的簡略分類來說，這個大小的盒子最完美。這種尺寸的收納盒也很適合放在大部分的層架和櫥櫃中，對你來說，是有很多功能的收納選擇。當然，依照空間差異，你偶爾可能會需要稍微大或小的盒子，但以許多狀況來說，這通常就是最完美的收納盒。我推薦你大量購入，並在每個地方都使用它們，來收納調味料、藥品、浴室用品、零食、玩具、化妝品、手作材料……還有每一樣你擁有的東西。確保你已經拿掉蓋子——蝴蝶人才沒有耐心用蓋子呢！確保你的收納方式清清楚楚，你就會更常使用它們；但如果你不想用透明盒子的話，在容器外面貼上又大又美的標籤，也是非常適合你的方式。不過你最棒的解決方案呢？還是推薦貼上標籤的透明收納盒！

標籤。對於你的收納盒裡面裝的東西，你需要有個看得見的提示，不然你會忘記裡面有什麼，更糟的話還會不願意把東西歸位。你可以在盒子和籃子上，用文字或照片貼上標籤，這樣才會有個視覺提醒，來告訴你裡面是什麼。我也推薦在家裡其他區域貼上標籤，而不只是貼在收納盒上而已。我在我的冰箱裡貼標籤，可以讓所有東西馬上像中了魔法似地，回到自己的位置去！在尋找番茄醬多年後，當我在冰箱內側門上貼一張簡單的「醬料」標籤，從此我們不用再和番茄醬玩捉迷藏，而我的家人也會開始把它放回原處。標籤就好像是個潛意識的提醒，敦促你東西應該好好放在哪裡。標籤的魔法在你家的每個區域都會產生效用，刺激你的腦袋把東西收好，而你甚至不曾注意到！在家裡的每個收納盒和層架上都使用標籤，可以促使你和家人保持居家的整齊。

維持視覺派收納術。你需要看到你的東西：這是一定要的。我說的不是你擁有的每一件東西——那也太不實際了——而是你每天都需要看到的日常用品。**使用鉤子、開放式層架和布告欄，來放這些很容易被堆在表面的每日用品**。看一下你最雜亂的地方，問問自己：「我要怎麼為這堆東西設計一套視覺收納術？」你充滿創意的大腦會想出完美的視覺系統，你也可以在 Pinterest 和 Instagram 上發現很多靈感！但是請記得，說到你的居家和家人，你才是真正的內行；到最後，與其複製其他人的系統，你自己的點子對你而言會有效率得多。

清理無用的雜物。比起其他類型的收納人格，蝴蝶人似乎更容易因為雜物而困擾。在我的經驗裡，雜物分成兩種：一種是沒有收起來的東西，這類型的雜物會聚積在檯面上或地板上；第二

埃莉斯・弗雷追克斯（Elise Fredriks）／提供

種就單純只是東西太多，不知如何下手而已。即便你的物品都有好好地收在它們自己的家，但如果你有太多東西的話，還是得算成雜物。

蝴蝶人比其他類型來得掙扎的原因，分成兩個部分。第一，他們因為怕忘記而不願意把東西收起來，所以就搞得到處都是雜物。第二，和那些偏愛簡潔視覺的類型比起來，追求視覺豐富性的類型，對他們的物品比較有情感上的依賴。一個蝴蝶人看著自己的東西時，看到的是回憶和價值，即便該物品本身沒什麼情感上的紀念意義，或金錢上的實際價值。這種情感依賴可能讓他們很難捨棄物品，也會造成極度焦慮。如果蝴蝶人花了多年的時間一直在收新東西，卻從來不把舊的丟掉，那雜物堆當然會在他們不知情的狀況下，漸漸地占據了他們的家。幾乎每個我遇過的囤積者都是蝴蝶人。

但是身為蝴蝶人，並不代表你得沒完沒了地和雜亂搏鬥！你可以擁有一個極其整潔的家，這只是需要練習而已。清理雜物在初期容易導致焦慮，但每次當你強迫自己努力跨越這些不舒服時，下一次就會變得容易一些。有一些丟掉雜物的訣竅，可以讓你在放手的時候，稍微輕鬆一點：

- **找朋友或家人協助監督你的整理計畫，並幫你丟掉你掙扎著不想丟的東西**。不管你整理的是哪個空間，都可以把東西分成四類。
- 準備好四個貼上標籤或用顏色分類的籃子、袋子或箱子都可以，**一個裝「垃圾」，一個裝「可以捐出去的東西」，一個裝「不是你的東西」，一個裝「要留著的物品」**。這會幫助你保持專注，看得到的標籤也能幫你把淨空行動變得容易一點。

- **對你的空間有個清晰的想像**。現在馬上拍一張「整理前」的凌亂照片，然後在雜誌或網路上，找一張你理想中的居家空間美照。把這兩張圖擺在你房裡顯眼的地方，你就會愈來愈想來一場大整理。
- **每個月實行一次「丟二十一樣東西」**是讓蝴蝶人清理物品的絕佳方式。找個袋子迅速看看四周，盡快找到二十一樣可以丟掉的東西。二十一是完美的數字：它剛好是一個大到可以激勵你的數字，但又不會太大，以至於在幾分鐘內無法完成。挖出老舊的衣服、過期的藥物、從來沒用過的廚房用具……相信我，找出二十一樣東西比你想像中的要簡單多了！
- **安排整理時間**。在每天同一時間設定手機提醒，花十分鐘快速整理一下，比如把東西物歸原位，或是為「流浪的雜物」找個家。這樣不僅對你空間的改善有好處，也可以幫你建立起馬上清除雜物與整理環境的日常習慣。
- **記得，東西就只是東西而已**。你和家人的幸福快樂重要多了，不要讓你對丟棄的焦慮，阻擋了你與真正重要事物的相處。拿一個垃圾袋，裝滿要捐出去的東西。常常這麼做的話，你會發現你有更多時間、更多空間，家庭也更快樂。你值得擁有一個清爽的家！

從亂七八糟進化為乾淨整齊

你只需要建立幾個新習慣，就可以為居家和人生帶來重大的影響。你大腦的運作和傳統收納術完全相反的這件事，代表你從來沒有真正學會什麼才是最適合你的整理方式。**你過去的苦惱和失敗，讓你相信自己是個邋遢的人；而正是這個信念，養成了你堆積雜物的壞習慣。**你已經習慣雜亂無章了。你在東西用完之後，可能不會每次都把它們收回去，通常一走進家門就把東西隨手亂丟，甚至連整理和掃除都放棄了。我不會怪你。人一定是瘋了才會一直重複做相同的事，卻期待不同的結果。你知道自己每天晚上回家都不會把外套掛進衣櫃裡，所以大腦甚至連試都不讓你試。你如果繼續使用與自己的整理天性相違背的傳統系統，就真的是瘋了。

你過去和現在的差別，在於你現在對你的整理收納習慣，已經擁有自己的知識與理解了。你現在有能力**利用鉤子、層架和重視視覺的簡略收納系統，來設計專為你的蝴蝶大腦打造的住家**；它們不會讓你失望的。要習慣使用這些系統需要努力與練習，你必須提醒自己做好三明治後，要把花生醬放回櫥櫃；你得在臥室房門裝上掛鉤，這樣才會停止把牛仔褲丟在椅背上或地板上。你必須讓每天的例行整理成為你睡前的習慣，直到它成為你的第二天性為止。但我可以保證，它會成為你的第二天性的！你會成為一個乾淨又整齊的人，這對你來說將變得輕鬆自如。

知道自己的整理類型還有一個很棒的好處，就是它影響的範圍遠遠不只有你的住家而已。你的辦公室也可以使用重視視覺的簡略收納系統；持續為增加你的整體生產力而努力，是非常重要的。我們在第八章會談到更多關於工作空間的整理與生產力的關係。

我最希望的，是你現在可以對自己寬容一點。我永遠都不會忘記一位好友對我說的金句；我跟她說：「真希望時光可以倒流，這樣我就可以回去告訴十歲的自己，她原本的樣子就很棒了。」

她告訴我：「那就說啊，她還在妳心裡，妳還是那個小女孩，她仍然需要聽到妳這麼說。」

告訴那個十歲的時候，因為覺得自己亂七八糟而難過的可愛的你：「你不邋遢，只是每個人整理的方式不同而已。」跟他說他屬於視覺整理派，他原本的樣子就很棒了。我要你知道你並不孤單，我收到過成千上萬封來自蝴蝶人的電子郵件，他們只靠著更加了解自我，就改變了他們的住家和生活！

動手吧！蝴蝶人

你已花太多時間生活在「你是一個邋遢鬼」的謊言中，該是時候改寫你的「懶蟲故事」，並打造和設計你應有的生活了。這是你人生中的全新篇章，它一開頭就要你放棄那些藉口，以及告訴自己「你辦得到」。我要你有自信，也要你對自己可以透過整理來改變人生的能力有信心。

從你的住家開始。你的外在環境會直接影響到內在環境。當你家或辦公室是一片渾沌的時候，你就會感受到同樣的渾沌。在你可以熟練地安排你的生產力、財務狀況和生活之前，我們必須先掌握你的居家整齊。

面對眼前龐大的工作量，你可能會覺得不知所措和氣餒，但我向你保證，你馬上就會開始看到效果；在你注意到之前，就已經達成目標了。只要踏出一步——朝著目標前進一小步之後，隔天再繼續走一小步。**持之以恆才是關鍵，不是完美的追求，也不是最終的結果。**專注在這些小小

克莉絲汀娜・丹尼斯／提供（www.thediymommy.com）

的勝利和目標上，即將改變你生活的，就是這些小小的成就。

從你的臥室開始。這裡是你起床睜眼時映入眼簾的第一個空間，也是你就寢前看到的最後一個空間。**你的臥房是你的聖殿，是你遠離俗世、休養生息的地方**。它也是你家裡為你的一整天、以及每一個早晨奠定基礎的房間。我有很多年的時間，都只專注在朋友來拜訪時看得到的區域。主臥室總是我的垃圾場，是我把雜物從客人眼前「藏起來」的地方。我每天晚上睡覺時，都盯著一大疊沒有折好的衣服，也對那些還沒做的家事感到焦慮。我在一堆雜物中醒來，它們一直提醒我自己有多悲慘，無法好好安排自己的生活。我睜開雙眼的那一瞬間，感受到的不是樂觀、清醒的一日之晨，而是被自己的房間淹沒得精疲力盡的感覺。真是太瞎了。

現在，我的主臥室是我的第一優先。家裡其他地方可以慘到不行沒關係，但我必須在乾淨整齊的空間睡覺，才能一起床就神清氣爽、把握今天。我才剛開始把重點放在主臥室，就立刻看到了改變。我可以更快入眠，醒來的時候也更開心。我起床時會覺得對生活很有把握，而且這種感覺會跟著我一整天。心智的力量很強大，當我們對自己和生活都採正面思考的時候，正向的事情就會發生。我不是在跟你們宣傳身心靈有多厲害，只是這個事實，連我自己這麼疑神疑鬼的人，都沒辦法質疑。

今天、現在這一秒，我要你花十分鐘整理你的房間。清空斗櫃的櫃面，把衣服掛起來，再找出一些你可以捐出去的東西。列一張能讓你把房間整理得乾淨一點所需要的物品清單，像是掛鉤、幾個透明收納盒，或是一些標籤。不是叫你重新改造整個房間，只是請你花幾分鐘，讓空間更具

莎曼莎・竇赫提（Samantha Dougherty）／提供

功能性。拿一些紙膠帶和馬克筆幫斗櫃的抽屜貼上標籤，這會讓你使用它們的機率大增；把衣櫃門全都打開，清理並丟棄沒用的雜物。一個令人放鬆的綠洲是你應得的。不要想太多：埋頭開始做就對了！

這禮拜，用一間乾淨的臥室好好犒賞自己。把這當成你對自己的挑戰。沒有什麼事情，比得上每天早晨都在清爽潔淨的空間醒來的感覺更好了！你醒來的時候會覺得很自豪、充滿動力，準備好要迎戰這一天……還有你家裡其他的空間。

The Butterfly

蝴蝶人證言

"

愛麗絲

倫敦

我從來無法維持家裡的整潔超過幾天，這讓我覺得自己糟透了。我做了測驗，發現我是蝴蝶人。我花了整個週末丟掉沒用的雜物，把東西收好，而且家中環境還真的可以維持下去。我的家人都不敢相信！我知道這聽起來很瘋，但當我不再認為是我有問題的時候，事情就變得比較容易了。謝謝妳。

"

"

賈姬

明尼蘇達

我和先生在週一做了妳的測驗，等我讀到蝴蝶人的敘述時，幾乎都要流淚了。不管我們多常整理，我家一直都很亂。現在我們已經在前門掛上鉤子，廚房也掛上軟木留言板，光用這兩樣東西就已經有很大的差別了。我們其實對整理家務這件事還滿興奮的！謝謝妳。

"

布蘭妮

佛羅里達

妳說得對極了，我這一生都覺得自己像隻懶蟲！我一直比較喜歡層架與開放式的鉤子，而不是斗櫃或玄關衣櫃。我甚至還說過要把玄關衣櫃的門拆掉，讓它更像開放式的，這樣我們才不會在出門前忘記必須帶的東西。我以為自己瘋了才會想要那樣。附件的照片是我們被衣服淹沒的沙發、我空蕩蕩的襪子抽屜，還有我們才裝了半滿的衣櫃。我甚至叫我先生來做測驗（他也是蝴蝶人），然後看妳的影片。他不停嚷嚷：「天啊，這也太像我們了吧！」哈哈！謝謝妳讓我們知道自己沒有問題，我們只是喜歡看到自己的東西而已。

卓拉克太太

@Ms Drake

好吧，我做了測驗，我是蝴蝶人。這解釋了為什麼八年前掉出滑軌的衣櫥門，到現在還靠在牆上。因為我看得到自己的衣服了，所以有半數的衣服都能好好收回衣櫥裡。（哈，誰想得到啊？！）非常感謝。我從宜家家居買了加寬的開放式層架組，然後把衣櫃捐出去。我的衣服現在會放在架子上，而不是地上，真的有效。妳對蝴蝶人的描述太貼切了！我真的覺得很自豪，而且現在我不管看到什麼地方都會想：「我要怎麼把這裡變成蝴蝶型收納？」

Chapter 4

和蝴蝶人一起生活或工作

The Butterfly

“

你可以協助蝴蝶人把自我懷疑變成自信。
重新設計沒有效果的系統，
納入一些對他們友善的整理選項。

”

「有可能」的任務

在我每週收到的成千上萬封電子郵件與留言中，目前最常被問到的問題就是：「和我住在一起的是蝴蝶人，我們的類型該怎麼融合？」

蝴蝶人的整理風格，通常和人們想像到的「整理」畫面完全相反。結果，大部分的蝴蝶人都沒辦法精通維持整潔的技能和習慣。他們會把飲料空罐忘在沙發旁邊，或把髒衣服丟在浴室地板中間，而不放進洗衣籃裡。蝴蝶人很難把它們的東西收「起來」，通常認定自己就是亂七八糟，甚至根本是個——我就鼓起勇氣說囉——邋遢鬼。他們可能在很久以前就放棄試著變乾淨這件事了。

艾莉莎・貝克（Alysha Baker）／提供

這種負面的自我催眠、放任自己亂糟糟地活著，甚至可能是蝴蝶人都不知道自身正在做的事。他們也許拒絕承認，也完全有可能把自己不擅長整理的原因怪罪到其他人身上。許多蝴蝶人其實都已經對囤積的雜物「視而不見」了，他們看待自己空間的方式也和其他人不同。有些蝴蝶人被雜物包圍的時候，還會覺得滿足、有安全感，這就是為什麼許多人把囤積當成一種因應痛苦與失去的防護機制。再說一次，這通常是他們也沒意識到自己在做的事。

身為和蝴蝶人一起生活或工作的人，你所能做的最重要的事，就是去了解這背後的成因。想像一下，在所有人都要求你把東西收到看不見的地方的世界裡，身為一個視覺整理派的人是什麼感覺？也想像一下在你看不到東西時，因為害怕把它們全部忘記而引發的焦慮。我想要你去理解，對需要簡單整理的人來說，因為無法使用和他們的腦部運作方式完全相反的精細整理系統而被指責，會是一件多挫折、多丟臉的事。回憶一下，你以前每一次試著要好好整理，卻一定沒有辦法維持的時候。

蝴蝶人對於一個乾淨整潔的家看起來應該是什麼樣子，有認知上的困難；**因為那種認知和他們的思維運作方式截然不同。要克服這件事，首要步驟就是去理解並接受這個困難。**蝴蝶人可以是乾淨整齊的，他們也能夠維持井然有序的住家環境，但是你對乾淨整齊的認知必須調整，並接受分類簡略的視覺派系統。

如果你是和蝴蝶人一起生活或工作的蜜蜂人或蟋蟀人，你可能會持續活在挫敗中，因為他們無法遵循你經過深思熟慮所打造出的高效率整理系統。對你細節導向的大腦來說，把付完的信用卡帳單放在貼有「信用卡」標籤的檔案夾裡，似乎輕而易舉。對你而言，整理這回事就是要把東西按照它們「自己」的分類放好；就是因為有這些分類，才能確保你找得到你要找的東西，也完全知道你擁有什麼物品。但是對蝴蝶人來說，不管他們多努力嘗試，成為一個注重收納細節的人

克莉絲汀娜・丹尼斯／提供（www.thediymommy.com）

永遠都不可能習慣成自然；簡單才是關鍵。他們的心思無法花在小細節上，所以蝴蝶人專注的是全貌，而他們也通常是很有遠見的夢想家。

簡略的魔法

蝴蝶人的魔法就是「**簡略**」。蝴蝶人需要為他們的物品進行大範圍的簡單分類，才能快速把東西收好。與其用個別的資料夾來裝每一種帳單，蝴蝶人需要的是一個貼上「帳單」標籤的籃子或盒子，可以把任何一種帳單都丟進去。沒錯，如果是這樣的系統，你在找需要的東西時得多費點功夫，但要把它收起來的時候就可以節省時間……對蝴蝶人來說，把東西收起來才是困難的地方。他們美麗的腦袋中有這麼多想法在飛舞著，對於要怎麼把自己的物品收「好」甚至不曾多想；**他們需要一套能夠讓他們不加思索，就直接**

把東西物歸原處的系統。

對蝴蝶人來說，最重要的就是豐富的視覺。如果你是蟋蟀人或瓢蟲人的話，你追求的是簡潔的視覺。要是你的四周充滿著渴望看到自己所有物的蝴蝶人，可能就會覺得精疲力盡。理想來說，你會想要家裡的任何表面上都沒有雜物，每樣東西都各安其所。我懂，我真的懂。身為一個瓢蟲人，我和你一樣需要簡潔的視覺，當我家開始亂起來的時候，我會整個不知所措，所以我完全知道你的感覺。如果你和蝴蝶人一起生活或工作的話，他們散亂得到處都是的「東西」，可能會讓你陷入無止盡的沮喪狀態。更糟糕的是，如果你面對的是你重要的另一半的話，沒完沒了地跟在他們後面收拾，可能會讓你心懷怨念。如果這正是你的情況，你可能已經「試圖」整理過一百萬次他們的東西了，但他們就是沒辦法維持。如果想要挽救你的理智（也許還有彼此的關係），第一步就是要先承認你自己的沮喪和怨念……然後就讓它隨風去吧。

你過去所以為的，也許是「對方就是不在乎」，又或是「對方就是不夠努力嘗試」。事實上，他們可能的確沒有非常努力嘗試，**因為這麼多年來的制約作用與失敗結果，早已在你另一半的心中埋下被擊潰的挫折感——你能夠接受並了解這一點，是非常重要的**。這從來就不是誰的錯，更不是想要針對你、企圖傷害你或對你無禮的行為。

我不想找藉口，但蝴蝶人確實永遠都不會變成一個心細或注重收納細節的人。不管他們多努力，或比較可能是不論你多努力改變他們，要做到和你一樣有條有理就不是他們的天性。一旦你接受他們確實需要重視視覺的整理方式，並納入符合他們本性的實用收納術，就會有真正的進展。

記住，如果蝴蝶人的物品被「收起來」了，他們是真的會完全忘記的。這種「經常忘掉什麼重要東西」的潛意識恐懼，促使他們把每樣物品都大喇喇地留在外面，結果就是他們的東西經常會堆積起來，最後變成一堆堆的雜物和混亂。我希望你可以了解，導致這個結局的原因和過程是他們的事，與你無關。找個方式來配合，而不是唱反調。

改變可能發生，但不會是藉由拜託、不停嘮叨或威脅來達成的。只要有一些新的收納術……再加上一點練習，蝴蝶人就可以變成乾淨整潔的人。

以下是協調不同昆蟲收納人格的黃金法則：

若一段關係中有不同的類型，首先要滿足的，應該是豐富視覺派與簡易收納派的昆蟲們的需求。蝴蝶人既是視覺整理派，其實也是需要簡易收納的類型；這就意味著**你必須在你的住家或工作空間中妥協，往蝴蝶人的收納系統靠攏。**

在你把這本書拋飛到房間的另一個角落，並且斷定我是個徹底的瘋婆子之前，我跟你保證，我不是在建議你要完全放棄擁有一個乾淨住家的想法，然後一起加入充滿歡樂氣息、「走到哪丟到哪」的隊伍；也不是說蝴蝶人在五分鐘之內就可以弄得天翻地覆的傾向是可以接受的。我只是在說，你們用來阻止凌亂的系統，必須符合他們的天性，才能讓雙方都達成目標。不然，你也可以繼續試著讓他們變成像你那樣就好啊，但到目前為止的效果是怎麼樣呢？最終，比起要求他們遵守你的方式，你自己放鬆一點你那細節導向的「完美」系統，或許會更簡單一些。以你們家裡來說，為重要的提醒事項掛起一幅看得清清楚楚的日曆或布告欄，也許更加便捷；不用期待蝴蝶人會「記得」寫在手帳或存在電子裝置裡的事情。

這絕對不代表你家裡的每一樣東西都必須留在視線範圍內，也不代表你永遠都不能再使用精細分類的收納系統。我說的是，在蝴蝶人日常使用或最難搞定的那些區域，你可以採取折衷的做法。我也推薦由你來負責某些蝴蝶人可能會覺得困擾、但對你來說沒什麼差別的空間。也許你可以接手處理帳單或整理文件，因為你會想要它們被分類得有條有理，這是你的強項。也許你可以**為你的蝴蝶人指定一個「臨時置物籃」**，讓他們用來放置一整天下來可能隨手亂丟的物品，而你可以在每天晚上花幾分鐘，把這些東西都放回它們經過精準分類的原位。

跟蝴蝶人一起生活，真的只有三種選擇（在沒有把結束關係列為第四個選項的情況下）：

1 和凌亂並存。
2 負責整理這些凌亂。
3 打造對蝴蝶人友善的整理方式，因而消除凌亂。

你可以做幾件輕鬆簡單的事，讓你生命中的蝴蝶人覺得「好好整理」有變得容易一點。你的核心重點，就是把所有東西都貼上標籤。你先生會每天都讓維他命散亂在浴室洗手檯上嗎？拿一個淺籃子，貼上「維他命」，然後再放回櫃檯上。身為一個瓢蟲人，光是想到櫃檯上放著一籃維他命，就會害我在內心流淚——一點點而已啦；但對蝴蝶人來說，把這些維他命收到藥櫃裡面也是一樣的道理。**如果是他們看不到的東西，他們就不會用。**當這些東西擁有一個標示明確、看得

見的歸處時，你的蝴蝶人就不會放它們在外面流浪，而是用整齊、有條理的方式收好。標籤給了視覺整理派一個視覺線索，讓他們知道密閉、隱藏空間裡面的東西是什麼。這些視覺提醒可以減輕因為「忘記」被收到祕密空間的東西所造成的壓力，因此很有幫助。在籃子上貼簡單的分類標籤，就能大大地解決蝴蝶人的雜亂問題。

你可以有個美麗清爽的家，同時也納入一些對蝴蝶人友善的整理選項。雙方一定都會有所妥協，但**首先就是要把沒有效果的系統重新設計，讓它更能包容蝴蝶人的天生特質**。在前門裝上一些鉤子，廚房櫃檯上放個信件籃，並購入一些開放式層架。既然你現在已經知道他們需要什麼才辦得到，你們就可以一起構思，設計出讓雙方都滿意的系統。我無法確切告訴你如何設置這些系統，這真的得視你們的住家、擁有的東西和家人如何使用空間而定。我要你相信你和你的蝴蝶人，可以只靠自己，就想出兩個人都覺得好用的解法。一起腦力激盪一下，在 Pinterest 上找靈感，然後要記得：**重要的是進步，不是完美。**

我姊姊的懶蟲故事

我姊百分之百是個蝴蝶人。她在診所工作，是專門處理心理健康與成癮問題的優秀治療師；她是三個孩子的媽，甚至擁有欣欣向榮的副業。她聰明、風趣、口才又好……我很崇拜她。但是我姊也一樣因為雜亂無章而感到困擾。雖然她已經進步很多，但她家的每個表面通常還是被各種物品淹沒，有小孩的美勞作品、帳單、衣服、玩具，加上其他雜物，要不是沒地方放，就是沒有好好收起來。

我試著不主動提供整理的建議給我姊；畢竟我沒立場做這件事。我去她家是為了要探望她，而不是要看她多髒亂……所以我嘴巴都閉得緊緊的。

幾個月前，我真的很想示範如何整理蝴蝶人的空間給粉絲看，就問她能不能在她家拍攝，她不情願地答應了。

我知道，讓妹妹過來幫妳整理亂七八糟的家已經夠慘了，但要在 YouTube 上和全世界分享妳有多亂，真的需要很大的勇氣。最後，她不但勇於讓我整理小孩的玩具和她的廚房，而且還允許我拍攝整個過程並放到網路上——她真的很有種耶！

可以用和她的蝴蝶性格相配的系統，來整理孩子的玩具和她的廚房——這件事真的讓我超興奮的。我們把小孩的玩具用幾個大箱子來分類，並且貼上照片當標籤，再把這些箱子放在開放式

我姊的家

層架上，方便拿取。我們在廚房掛了個布告欄，用來貼小孩的作業和美勞作品；還掛了可以整個透視的鐵絲網籃來收置信件；我們也弄了一個簡單的「要拿去樓上的東西」的專用籃，來裝那些通常會被放置、散亂在廚房中島的雜物，並且裝上可以掛她的車鑰匙和包包的鉤子。

在幫她的雜物分類時，有個很常見的問題一直冒出來，是我在大部分的蝴蝶人家裡都會看到的：**她的每樣東西都沒有固定放置的地方。**

當我開始在她的廚房中島整理那堆雜物時，我撈出一組電池問她：「妳的電池都放哪兒？我現在就把它們歸位。」

她回答：「我沒有放電池的地方……就丟在那邊那個櫃子裡好了。」她邊說邊指著廚房裡一個已經塞滿各種東西的櫃子。

「為什麼要放在廚房的櫃子裡？」我問。

「因為這樣我開櫃子拿維他命的時候就能看到電池。」

這就是她對待家裡所有東西的策略——讓每個東西都散亂在外面，這樣她才看得到；或是放在她最常開的櫃子裡，這樣她才看得到。

無「家」可歸的不是只有電池而已，從她的帳單到零錢……每一樣東西都是。甚至連她最重要的紀念，像是小孩的聯絡簿之類的，也沒有指定的容身之所。沒有一件物品擁有自己固定的家，結果就是沒有東西會被好好收起來。

問題出在這裡：**我姊認為她是懶蟲，這是她告訴她自己的故事**。她從小就很常因為房間太亂而被斥責。她在高中與大學時期，總覺得整理文件和衣服很棘手；等到她成年後，就完全放棄整理這件事了。**「我花這些時間打掃和整理，過沒幾天就又變亂了，幹嘛自找麻煩？」**她內心的「懶蟲故事」，甚至在她還沒試圖整理前，就已經先阻止她了。不管她做什麼都不會有成果，那幹嘛還要嘗試？

我在她家的時候，只花幾秒鐘拿起一個大籃子，貼上「小孩的回憶」，就放在她的書架上；那幾疊聯絡簿和特別的勞作立刻就有地方去了。她之前幹嘛不這麼做就好？

以我姊姊還有大多數我合作過的蝴蝶人來說，他們的問題在於沒有自信設置一個新的系統，就只因為之前不管做什麼都沒用。**為你擁有的每一件物品找一個自己的「家」，正是整理收納的重點**，但對有些人來說，這真的是一個很陌生的概念。以前只要他們試著決定固定位置的時候，很可能有過不管收起來的東西是什麼都會忘記的經驗；不然就是他們很難維持分類精細的收納方式，所以很怕要再做一次。

我姊的廚房和玩具區都改成一些用簡單標籤分類的籃子和布告欄，**這些空間都只需要耗費最少的精力，就可以維持整潔**。她有可能自己想到這些方法嗎？當然。但她對失敗的恐懼，以及對精細分類的隱藏收納系統的焦慮，從一開始就阻撓了她，所以她根本沒有真正嘗試過。現在，既然她可以用視覺派的簡略系統辦到，她的自信也增加了，並慢慢把這些系統複製到她整個家中。

我姊面對的另一個難題，是持續地做家事和保持打掃的習慣。有一天和她通電話時，她老實告訴我：「每次吃完晚餐後，戴文都想要立刻把碗盤收起來整理乾淨；可是我總試著說服他晚點再收，在那之前我們可以先和小孩玩或進行一些有趣的活動。」這是她告訴自己的另一個故事。她讓自己深信她不做家事、不整理的理由，是因為生命中還有更重要的事。

她的回應完全在我意料之外。我說：「也許妳拒絕整理、對整理反感的原因，是因為妳覺得自己做不好。妳可能把它跟失敗連結在一起，所以才會避免做這件事。飯後整理碗盤只需要幾分鐘，妳還是有很多時間可以和小孩玩或做一些有趣的事。也許真相是妳知道自己是個很棒的媽媽，所以妳寧願去做妳知道自己擅長、也可以讓妳自我感覺良好的事。沒人想要覺得自己很失敗，因此也許妳是在下意識地逃避讓妳覺得很挫敗的事情。」

一片沉默。我等著她回答，但她都沒說話。

之後，我告訴她另一個解釋：**「妳不是不會做家事，妳不是個邋遢的人；那只是妳一直催眠自己的謊言而已**，珍。**妳對失敗的恐懼，才是妳辦不到的唯一一個原因。」**

這一次她給我的回應，是一種被理解的寬慰情緒。

擔任蝴蝶人的簡化後援隊

蝴蝶人可以說他們並不介意亂七八糟，但這是他們告訴自己的另一個謊言。劃分界限是一種他們遮掩和自我保護的方式，遠離自己的雜亂所導致的受傷和羞愧感。然而，當他們開始辨得到的時候，就可以克服這種失敗的感覺。要讓他們辦得到，得先從使用符合他們個性的收納術開始，並且將「我討厭洗碗」這種負面的自言自語，轉變為正面的「我喜歡有個乾淨的廚房，這也是我應得的」概念。

記得，整理這件事，對蝴蝶人來說完全是未知的領域，所以要有耐心。他們會需要時間來養成新的習慣與建立信心，並使用新的整理方式。幸運的是，當這些新方式能夠符合他們的天性時，蝴蝶人總算可以終結失敗，開始找回他們本來就乾淨、整齊又有效率的一面。

你也會需要協助你的蝴蝶人丟掉雜物。視覺整理派的人本來就更容易和他們的所有物產生情感連結，這自然會讓捨棄

克莉絲汀娜・丹尼斯／提供
(www.thediymommy.com)

物品更具挑戰性。和他們聊聊他們的難處，並試著找出其中最主要的原因：他們是因為財務上的不安全感，才不願意把東西丟掉或捐出去嗎？還是過去的損失或創傷？找出關於清理物品的焦慮根源，會對克服這份焦慮非常有幫助。關於如何克服丟東西的障礙，本書之後會有更多討論。

你所能帶來的最大影響，就是幫他們加油，以及擔任他們的後援隊。你可以協助他們把自我懷疑轉變成自信，並且攜手打造一個可以節省你家庭的時間與精力的新系統，最終讓你們愈來愈親近。

克莉絲汀娜・丹[illegible]斯／提供（[illegible]thediymommy.com）

Chapter 5

蜜蜂型人格

The Bee

忙碌的蜜蜂人非常細節導向，
他們也比較喜歡看到自己的東西，
因為害怕「看不見就會忘記」。

追求豐富的視覺和詳盡的收納

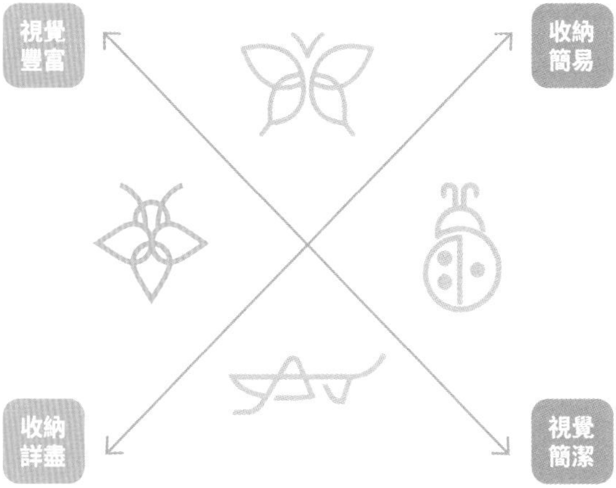

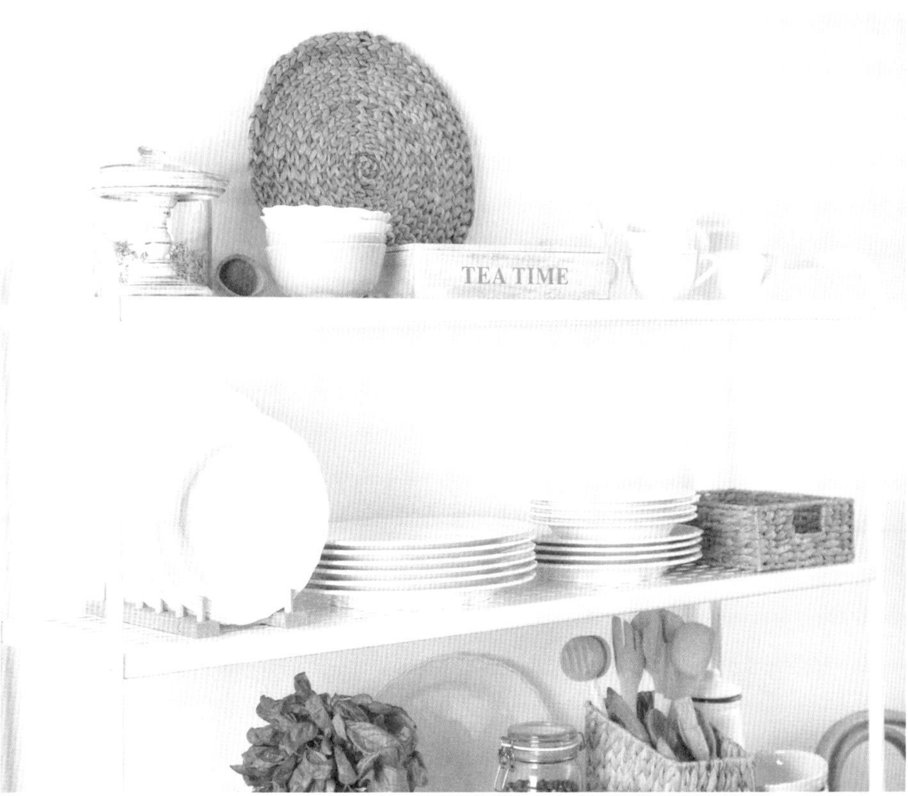
TEA TIME

vibes
only!
Enjoy
the
little things
KEEP
IT
SIMPLE
This Week:
Hello
gorgeous!

蜜蜂型思維

一間整齊的住所，就是裡面「所有的物品都有自己的家，而且每一樣東西都物歸原位」。蜜蜂型的人在維持家裡的整齊度上沒有問題，甚至對秩序和結構都駕輕就熟，但那並不表示有些蜜蜂人不會為雜亂所苦。秩序、結構和整理都是很棒的事情，但要準確實踐，需要的是時間、精力和計畫。就是在實踐的階段上，可能會讓蜜蜂人不小心跌一跤。

每個人各有不同，所以我想要澄清一下——不是每個蜜蜂人都會因雜亂而困擾。對許多蜜蜂人來說，他們細節導向的天性是一個正面的性格特質，對生活完全沒有任何負面影響。不過就本書的目的而言，我還是會試著協助的確為此所苦的蜜蜂人。

蜜蜂人最大的優點，可能也是他們最大的缺點：**完美主義**。完美主義可能是一個令人驚嘆的個人特質，而且說到維持一個精細入微的收納系統，你絕對會需要完美主義。我的意思是，誰不想要一個乾淨又整齊的完美住家啊？完美主義的缺點，是它很容易就會導致拖延。我從我的蜜蜂客戶那裡聽到一直重複的事情，就是**雖然他們懷有遠大的夢想和抱負，但在他們找到正確的做法之前，卻很難開始一個新的整理系統或計畫**。

蜜蜂人常常會拖延事情，等到他們在該計畫上已經有「萬全」的準備或是充裕的時間後，才要開始動手做。對於自己的系統或計畫的理想面貌，蜜蜂人常常陷入對完美的執著；但就是這樣的堅持，很快便讓事情變成過度計畫——**過度計畫真的讓人無法招架**。

黛博拉・赫金森（Deborah Hutchinson）／提供（www.invitationsbyhand.co.uk）

雖然我非常贊成在嘗試新事物之前先有個計畫，但過度計畫和拘泥在小細節上，絕對會阻礙你實際動手進行的進度。如果你花在某件事情的考慮和規劃上的時間，比實際完成的時間還多（而且尚未開始行動）的話，你很有可能就是想太多了。如果你因為完美主義所造成的拖延症而感到困擾的話，建議你，不要再想了，該是直接動手做的時候了。

通常，蜜蜂人還沒開啟整理的過程前，他們的思考就已經朝著細節在大暴走了，像是需要幾個收納箱或是要不要購入標籤機。蜜蜂人連櫃子或抽屜都還沒打開，就很容易掉入可能遇到問題的幻想深淵中。**不要仔細地規劃你的收納計畫，先專注在你要踏出的第一步再說。**

所有整理計畫的第一步，都是快速捨棄任何很明顯是垃圾、回收，或是你知道自己可以捐出去的雜物。先從小地方開始，選一個抽屜、櫃子，或廚房櫃檯上堆積的雜物來處理就好。不要去想整個計畫，還有你必須做的每一件事；一次只要專注在一步上就對了。等你大致丟掉了雜物，就可以進入第二步——為你還留下來的物品分類。花幾分鐘幫這些東西歸類，並且確定類別之間的區隔夠明確。第三步，是一個個查看並丟棄這些新分類物品中的雜物，以免你在第一步的階段漏掉還可以淘汰的東西。問問你自己：「我真的需要它嗎？」第四步，則是為這些被你留下的分類物品找一個固定的家。我建議選擇一個看得見的地方，來放你最重要的東西或日常用品。我們稍後會在這一章討論，如何為你的所有物找到合適的家。

照著一步步的計畫循序漸進，蜜蜂人就不會因為工程浩大，而有被淹沒的感覺。

蜜蜂人偶爾也會害怕失敗。要把東西分類到很細、層次分明的地步，真的讓人招架不住。這可能會讓蜜蜂人不知道該從哪件事先下手，也因此害他們沒有真的動手去做。擔心做的方式不對或犯錯，通常正是阻礙部分蜜蜂人向清爽的家踏出第一步的原因。「如果我捐出去的東西以後可能會用到怎麼辦？」「要分類和整理我的手作材料，怎樣才是最棒的方式？」「我到底會需要幾個收納盒？買哪些最好？」「我已經把我所有的東西都分類成無數的小堆了，那現在要怎麼辦？」

沒錯，你可以是個完美主義者，同時卻也住在一間亂糟糟的屋子裡。事實上在許多案例中，完美主義正是凌亂的根源。

蜜蜂人的另外一個特徵，是他們都是視覺整理派，看不見就真的會忘記。就像蝴蝶人一樣，你以前也可能有過幾次，設置了某個「完美的整理系統」（例如檔案櫃），長期下來卻無法好好使用的經驗。以前那些收納術讓你失望的原因，是因為它們都把東西收在看不到的地方。就像蝴蝶人一樣，蜜蜂人在豐富的視覺中得心應手。**你必須看見你的所有物，才能記得它們的存在，並且激勵你把它們收好。**這很有可能是個潛意識的習慣，也是你在家最常使用的區域會特別難擺脫雜亂的原因。

因為害怕忘記有東西收在密閉式的系統裡，導致蜜蜂人會小心地把物品仔細分類之後堆成數堆，最後堆得整個房子都是。要是有其他家人好心幫忙，替他們的小堆東西移走或「整理乾淨」，蜜蜂人可能反而很焦慮。這種視覺整理派和細節導向思維的組合，很快就讓環境堆滿雜物。

我當然不是在說所有的蜜蜂人都會為了雜亂而煩惱。每個人都不同，我們在人生中也有各自的挑戰。我只是想說明我在許多同類型收納人格的個案上，都見證到的潛在問題而已。有些蜜蜂人整齊得令人驚訝，家裡非常清爽，但同時也有被雜物淹沒以及因囤積傾向而困擾的蜜蜂人。

在你開始覺得我在說擁有蜜蜂人性格是件壞事之前，我跟你保證，我絕對沒有這樣想。**蜜蜂人天生的邏輯分析思考能力，代表你身體裡正流著「組織整理」的血液。**整理和分類確實就是你頭腦天生的運作方式。這表示你一旦真的打造出一個適合你人格特質的系統，要維持下去就不會有問題。其實像是「全美國最有條理的人」——亞歷韓德拉．卡斯特羅（Alejandra Costello）就有蜜蜂人的傾向。要是你從來沒有聽過亞歷韓德拉，我保證你絕對會大開眼界！

亞歷韓德拉是人生教練也是專業整理師，她教人們如何整理收納，才能在人生中游刃有餘。她專注的重點，在於協助人們跨越整理收納上的情感障礙，再加上設置容易維持的視覺派整理系

珍妮佛・史東（Jennifer Stone）／提供（@SevenSproutsFarm）

統。亞歷韓德拉有個精彩的 YouTube 頻道和個人網站，這是她用整理收納來教育與啟發他人的地方。在她的網站上，你可以看到她精心為蜜蜂人設計的各種收納術。

Alejandra.tv

只要你的整理系統是細節導向的，你就是那個會多花幾分鐘把收納盒的蓋子打開，再把東西收進去的人。你不會介意一回家就馬上整理信件，也不介意在每樣東西用完之後，多花個幾秒鐘來物歸原位。這是你的一個很棒的優點，老實說我還真希望我也辦得到。我將幫助你克服由完美主義引發的拖延症以及失敗恐慌症，一旦你做到了，你的住家終將反映出你本來是個多麼有條有理的人。

我閨蜜的懶蟲故事

我最好的朋友小潔（Jessica），是我在二十出頭時於工作上認識的，從那之後我們就情同手足。我們倆在對方結婚的時候互當伴娘（很多閨蜜都做過這種事），不只同時懷孕，而且我們的小孩還在同天出生（這就不是每對閨蜜都能炫耀的了）。在你問之前，我會先說：沒有，這不是計畫好的——我們女兒的生日居然是同一天，真的是超巧的。她是我最親密的人，我無法想像如果生命中沒有她會變成怎麼樣。我們在很多方面都很像，除了……整理收納的部分。小潔完全是我的另一個極端，我們倆的巨大差異，對於界定這四種不同的收納人格來說，是一股強大的推進力。

我最好的朋友，是一個徹底的蜜蜂人。

小潔一直以來都因為無用雜物的囤積而困擾。她有太多東西，但又很討厭丟掉，而且她是個超級完美主義者。我以前想到「完美主義者」時，都會把他們想像成一個成就非凡的大人物，頂著一絲不苟的髮型，住在完美無瑕的房子裡，我完全認為完美主義者絕對會讓他們的生活保持在規律中。我做著希望自己也是完美主義者的白日夢，因為這和我渾沌、亂糟糟的人生完全相反。

現實是，雖然完美主義者可能會渴望每件事都完美，但人生常常不盡人意。有時候蜜蜂人追求的東西就是不切實際，而他們往往寧願選擇等待，也不要將就。這就是不停糾纏我好友小潔的難題。

在她剛結婚生下女兒時，一家三口住在約十五坪大的家。仔細想一下喔，我敢打賭，大多數讀到這裡的人都無法想像住在小於約二十八坪的家是什麼感覺。沒有地下室，沒有車庫，也沒什麼櫥櫃空間，她小小的家很快就被塞滿了。

小潔身為一個徹頭徹尾的蜜蜂人，超級視覺派，喜歡看到她所有的東西。她的興趣多到不行，喜歡烹飪和烘焙，也堅持要擁有所有人類已知的廚房用具，她是深夜商品廣告節目最想要的客戶；她也喜歡手作，所以擁有數不清的嗜好必須用到的大量工具和材料：縫紉、編織、做緞帶蝴蝶結、畫畫……我告訴你，只要是你說得出來的手工藝，我的好友小潔都會做。我光把她所有的興趣列成清單的時間都沒有，更不用說去嘗試任何一項。

身為一個重視視覺呈現的人，她也對自己的物品有很深的情感連結，所以不管要丟什麼東西都會掙扎半天。如果把她數量龐大的所有物，再加上她的老公、小孩還有兩隻大狗，全部擠在十五坪大的住處……就會變成雜物囤積的災難。雖然她的確有高及天花板的整面櫃子，善用了牆壁的空間；但這種大小的房子，牆面空間的侷限是可以想像的。

在我們的女兒大概兩歲的時候，我開啟了從雜亂到乾淨的蛻變歷程。我開始用整理收納改造家裡，每天都很興奮地打電話給小潔，和她分享所有我覺得好用的收納點子和訣竅。小潔嘗試了一些我「史上最強的收納點子」，但似乎沒有一個對她有用。所有我覺得好用的東西都是隱藏式且簡略分類的（因為我是瓢蟲人），相反的，她需要的是注重分類細節的視覺系統（因為她是蜜蜂人）。結果當我在電話這一頭建議這些和她的類型完全相反的訣竅和想法時，她的反應是：「小卡，那根本就不算整理……妳真的超有病。」一直到我確定了不同的整理類型，我才了解我忙碌的蜜蜂摯友所需要的整理系統和工具，和我是完全不一樣的。

生活在一個狹窄雜亂的環境多年之後，小潔和家人最近搬進一間又大又美的房子。她的新房子有四間臥室，總共八十四坪的超大空間讓一家三口可以好好享受。比起之前的房子，新家有多一倍的空間——是每個人多一倍喔。

她之前真心相信，只要搬進一間大多了的房子，就可以解決她所有的雜物問題——如今確實實現了。小潔覺得，因為她現在有近六倍的空間和真正的儲藏室來放東西，所以終於可以擁有她夢寐以求的乾淨整齊居家了。

結果，小潔和她家人花不到半年，就用雜物把新家完全塞爆了。

雖然房子太小、沒有儲存空間，絕對是她之前煩惱的其中一個原因，但也不全是因為這樣。她告訴自己的「懶蟲故事」，是「如果有一天」，當她有足夠空間的時候，就再也不會亂七八糟了。她告訴自己「如果有一天」，她有更多櫥櫃、整座地下室、還有自己的工作室可以用的時候，她的凌亂問題就會成為過去式。

我聽到相同故事的次數，數都數不完。**人們把自己的雜物堆積問題賴給收納空間的缺乏，或是沒有正確、「完美」的整理系統。人們推託自己沒時間、沒錢、沒空間來處理雜物，但那些都不是真正重要的關鍵所在。**我從成千上萬個家庭聽過同樣的懶蟲故事，而且我以前告訴自己的懶蟲故事也是同一個。

在小潔搬進她又大又新的美麗宅邸之後才一年，我就來幫她整理她的工作室。我告訴你，我們連門都差點打不開，因為堆積如山的廢物，幾乎蓋滿了每一寸地板。

這種情況不是過度消費，而是惡化之後的完美主義。小潔會從朋友家人那邊收二手物、到慈善二手商店挖寶，或是不管在什麼地方，只要遇到她覺得有用的東西，就會拿起來帶回家。她到處收集、保留這些東西的原因，不僅是因為它們有一天可能會派上用場，還因為她看到物品時會這麼思考：若有一天要把它們替換掉的話，實際上她得付多少錢？

很多蜜蜂人（和其他收納人格）都會這樣。他們的邏輯分析腦通常會把物品自動換算成它們可能會有的金錢價值。他們會告訴自己：「沒錯，這把抹刀是多餘的，但如果舊的抹刀壞掉，我就得花五塊錢來換新的。所以留著這把多出來的抹刀，可以讓我省五元，甚至如果這是從朋友那邊免費拿到的話，我就賺了五元。」

在潔西卡隨便拿這堆東西回家的當下，她的腦袋就是這麼告訴她的；她告訴自己拿回這些二手物或保留沒在用的東西是在省錢，甚至是在賺錢。**身為視覺整理派，她和物品也有更深的情感連結，所以當她要丟東西時，她需要奮戰的不只是大腦的理性那一邊，連感性那一邊也要面對。**

在她的工作室裡，雜物堆到超過半身高，從房間此岸走到彼端，中間只有一條小路。她用不到一年就把這個空間塞滿，以至於完全無法使用。我第一次踏進她的工作室時，不禁開始掉眼淚。我為她氣餒又心疼，但也覺得好像有點對不起她。從我認識她之後，這就是她一直夢寐以求的空間；但現在，十五年後的她終於有了這個工作室，卻因為自己雜物囤積的問題，而無法使用或享受。身為專業整理師暨她的閨蜜，我早該在事情惡化前伸出援手的。

為了要讓她擁有一個真正可以使用的空間，我知道我們必須清掉四分之三的物品。我也知道這對她來說並不容易，需要時間。即便我們在所有牆面上設置從地板延伸到天花板的書櫃，也無法收納那麼多東西。若要給她一個能夠正常運作的空間，唯一的方式就是清除無用的雜物，捐出她大部分的所有物。

因為丟東西對小潔這樣的蜜蜂人來說極度困難，所以我們從垃圾開始。我們在這些堆到腰部高的雜物山中挖掘，找出很明顯是垃圾的東西。要開始清除無用的雜物，這是一個比較簡單的方式，因為它往往不會造成焦慮。我拿的第一樣東西，是個側邊有條大裂痕的水壺。它是那種底部有開關的水壺，而且小潔說它不只是側面有裂痕，開關還會漏水，所以無法裝任何液體。對我來說，這很明顯就是垃圾，一個全新的水壺在店裡只賣二十塊，這一個不僅有裂痕，而且還壞了。

「這個我們絕對可以丟掉。」我邊說邊把它放進垃圾袋。

小潔呆住了，看起來很驚恐。「等一下！」她連忙說：「不要把它丟掉；我可以拿來裝糖果或洗衣粉……或者是鈕釦！」

問題就在這裡。**她看待每樣事物的方式，都是它（總有一天）可以用來做什麼**，把在遙遠的將來可能用得到的東西——不管是什麼——丟掉的這個想法，是很浪費的。對小潔來說，扔掉那個壞掉的水壺，彷彿要丟掉二十塊和一個時尚又實用的容器一樣。

此刻讀到這裡的蜜蜂人，很可能會懂小潔的感覺。你也許會想：「留著一個壞掉的水壺又有什麼不對？」問題在於你擁有的每一樣東西，都有你認定的價值和潛在的用途。**這些小東西若通通加起來，就會變成超多東西，在你發現之前，你早已慘兮兮地被淹沒在雜物海中了**。那你要如何克服所有蜜蜂人在丟東西時都得面對的掙扎呢？就是練習。

這就是為什麼我建議從垃圾開始，再進展到不使用的東西上，最後把空間讓給真正重要的物品。我用來幫小潔大大減輕她的「丟棄焦慮」的方式，是在客廳弄一個「暫時區」。

我跟她說：「任何妳不是百分之百確定想留在工作室裡面的東西，就先把它放到客廳來。這不表示我們要丟掉它，我們晚點才會做決定，目前只要留下妳很確定想放在工作室裡的東西就好。」

對蜜蜂人來說，猶豫不決是很大的問題。他們害怕犯錯，所以乾脆不要做任何決定。因此，**要驅散他們對失敗的恐懼和丟東西的焦慮，應避免將重心放在「得丟掉什麼」，而是讓他們專注在「想留下什麼」上**，事情就會比較容易。讓蜜蜂人對自己的雜物有所掌握，不要害怕犯錯，是很重要的；有一些策略，可以讓這個任務感覺起來沒那麼不可能或是嚇人。

當小潔不知道該拿一個東西怎麼辦時，她的預設選項就是把它留著。「這個東西要怎麼再利用最好？」「如果小孩的學校用得到怎麼辦？」或是「這個東西最適合捐去哪個單位？」，如果陷入懷疑，她就不會做決定，然後一天拖過一天。她的完美主義阻礙了她的進度。透過暫時區，我們可以繞過所有那些內在的混亂，得以只專心整理她的空間。

蜜蜂人還有另一個我常看到的問題（蟋蟀人也有），就是害怕處理東西的方式不正確，這也是完美主義造成的。我有很多客戶，堅持要找到最適合回收報廢電子產品或破損髒汙二手衣的地方，多到我都數不清。**當他們的重點放在處置某物品的「正確」與「完美」方式時，從空盒到碎布的每樣東西都可能成為超大的絆腳石。**有時候「垃圾」真的是最好的選項。這樣很糟糕也很浪費，但只因為你害怕把垃圾放進垃圾掩埋場就把它們都留著，並不是長久之計。你唯一能做的就

卡西・史考特（Cassie Scott）／提供

是盡量回收，可以的話就捐贈，並且承認有時候真的不是每樣東西都有更適合的地方可以去。原諒自己，然後專注在光明面上，也就是你和你的家人會有更寧靜、更令人放鬆的居家環境。

在我們幫小潔的手作材料分類後、放進貼了標籤的容器時，小潔就放任她內心的收納魔人溜了出來，結果當她開始按照大頭針的針頭顏色來分類時，我必須適時出面阻止。蜜蜂人整理過頭的傾向真的很浪費時間。雖然她很想要仔細分類，但我們還是先從簡略的大分類開始，這樣對付她的雜物堆會更快，也更輕鬆，而且我們之後還可以再回來仔細整理這些收納盒（但我還是不讓她按照大頭針的顏色來分類）。我們設置了層架，掛上收納壁板，還布置了她自己的縫紉桌。在花了五個小時為她堆積如山的手作材料分類和尋找合適的家之後，我最好的朋友終於有一間漂亮又實用的工作室了。

她興奮得要衝上天，我知道真正的轉變即將在此時發生——**該是來對付暫時區的時候了**。就在我們盯著那一大堆她不知道要不要的東西時，我只對她說：「如果我們把這些東西全部放回妳的工作室，就會再度把房間塞滿，這只會讓妳那漂亮又實用的空間變得雜亂不堪又無法使用。」

莎拉・J・葛瑞伯（Sarah J. Graber）及菲莉絲・梅迪納（Phyllis Medina）／提供

她猶豫地說：「可是這裡面真的好多東西還很有用。」

我只回答她：「把這些有用的東西留下來，會讓妳的空間變得沒用。妳本來就應該要有自己的工作室，它是妳夢寐以求的，不要讓這堆廢物奪走。這裡面沒有哪樣東西，比妳擁有自己應得的美麗空間還來得重要。」

把工作室整理收納得很完美，讓她在決定捐出暫時區裡的東西時，變得容易得多。現在，全部丟掉才是理智的決定，但她還是在跟我爭論每件物品要拿到哪裡處理最適合，甚至是吸管清潔刷、只剩一個的啦啦隊彩球還有碎布等等，都逃掉被丟進垃圾桶的命運；雖然我認為這些都只是垃圾而已，她還是堅持把它們帶去女兒的學校。那個壞掉的水壺呢？也因為要拿去學校所以逃過一劫。最後，我把剩下的所有東西全部裝上我的小貨車，載到物資分享中心去，這樣她才無法改變心意。

不過，我現在可以跟你說，我們已經談過她對這起「清除事件」的掙扎了，她也向我坦承，她完全不想念任何一樣東西。她不只不後悔淘汰那些無用的雜物，而且這整個過程也讓她知道自己的恐懼是不理性的。她也開始整理家裡的其他區域，並透過練習，循序漸進地克服丟棄所產生的焦慮。

小潔現在看待自己物品的方式，不再是它們哪一天可以派上什麼用場了。她的心理已經產生轉變，看待東西的方式也從「它們以後可能會為她帶來什麼」，變成「它們現在正在為她帶來什麼」了。**死命留住沒用的東西是在磨耗你，不會有什麼好處**。這些東西你要花時間來保養、騰出空間來存放，還要因為把家裡堆得亂七八糟而覺得不愉快。只要你終於能看出其中的差別，丟掉不需要的東西，只留下現在能讓你感覺快樂和滿足的物品，就很容易了。

所以親愛的蜜蜂朋友們，不要為了總有一天可能會拿那個壞掉的水壺來裝鈕釦而把它留著；不要再擔心其他人可能如何利用它，甚至去想怎樣才是最好的回收方式。我不是在反對環保意識，但蜜蜂人的完美主義腦袋會把簡單的事情過度複雜化，例如只是把壞掉的東西丟掉而已。這種過度思考會導致拖延、優柔寡斷和混亂。你值得更好的。

該是自私的時候了，現在該關心的是你自己的快樂。你的雜物讓你不快樂，所以該是時候讓它們全部離開了。

妮可・沃傑利（Nicole Vogeli）／提供（fauvoegeli.blogspot.com）

假設最糟糕的情況

我發現要克服丟東西的焦慮，有個最棒的方式，就是問問自己：**「如果我把這個東西丟掉，最壞的結果會是什麼？」**

舉那個破水壺為例吧。如果小潔把它丟掉，最糟糕的結果可能會是什麼？如果她發現自己將來需要一個東西來收納大量的鈕釦呢？嗯……她可以用舊的醬瓜罐取代。也許她某天重新設計洗衣房的時候，會想要用可愛的收納方式來裝她的洗衣精？沒問題，慈善二手商店有一堆漂亮的大瓶子可以拿來用，而且花不了多少錢。

我要說的是，當你問了自己最慘的結果會是什麼，答案通常都是：「我可以用我已經有的其他東西」、「我可以跟朋友借」，或是「我可以再買二手的」。

只要問問自己最慘的結果可能會怎樣，就可以**輕鬆斷絕情緒上的焦慮，並讓自己可以用另一半的理性大腦來思考。**

我不會假裝清理雜物很簡單，但我可以告訴你，它會愈來愈容易。你從家裡丟掉的每一樣東西，都會讓你覺得更輕鬆、更快樂。

固定清理，也可以減輕把看起來還有用的東西丟掉的焦慮，以及對物品的處理方式究竟是錯誤還是浪費的恐懼。

珍妮佛・史東／提供（@SevenSproutsFarm）

蜜蜂型剖析

不確定你是蜜蜂人嗎？下列是蜜蜂人最常見的人格特質：

- 蜜蜂人經常有許多正在進行中的計畫，通常是忙碌又活躍的人。
- 蜜蜂人非常有條有理，有完美主義者的傾向。
- 大多數的蜜蜂人非常努力，並追求高成就。
- 蜜蜂人很仰賴視覺，他們比較喜歡「看見」他們的重要物品和常用的東西，而不是把它們存放在櫥櫃或收納櫃裡。
- 蜜蜂人屬於細節導向及分析型的性格。
- 在蜜蜂人完成一項工作之前，他們喜歡讓工具、紙張和其他材料繼續放在外面，而且通常在有機會把它們「好好」收起來之前，都只會先堆著。
- 蜜蜂人的囤積，大多是由「之後才要收起來的東西」，或是「把還沒做完的事情留到日後再繼續」所衍生出的問題。
- 蜜蜂人通常很難丟掉將來可能用得到的東西。

蜜蜂人的優點

你是個努力、聰明、有創意又注重細節的人。勤勞是我常用來描述蜜蜂的詞，這正是我選擇用蜜蜂來代表這類收納人格的原因。蜜蜂是視覺派昆蟲，會被最美麗鮮豔的花朵吸引，但蜜蜂也永遠都是有計畫性的。牠們工作很勤奮，採集花粉和構築蜂巢都有條不紊。我也看到蜜蜂這個物種和蜜蜂人之間，在手作和烹飪上的關聯性。蜂巢是牠們精心打造的舒適家居，而且蜜蜂會製作蜂蜜！雖然我滿確定蜂蜜是蜜蜂的嘔吐物，但不管怎樣，我還是想把它和烘焙連結起來。幾乎所有的蜜蜂客戶都是熱愛烹飪和烘焙的手作人，所以我又在這隻昆蟲本身，和我選擇以它作為代表的人格類型之間，看到了另一種聯繫。

完美主義也可以是很強大的優點。現在既然你已經意識到自己過分執著小細節所產生的問題了，你就可以把這種注重分類細節的超能力用在對的地方（例如當你有充裕的時間，把事情做得完美到不行的時候），而不是搞錯方向。**「自覺」**對改變來說是非常重要的工具，只要可以更了解自己的個性，你就可以利用你的優點來克服缺點。如果是完美主義在扯你的後腿，你就要讓自己突破怕做錯決定的焦慮和恐懼，如此才能看到真正的進步。

你現在也知道你是視覺導向的人了，所以再也不用浪費時間設置密閉式的收納系統。**購入收納壁板、開放式層架和透明收納盒吧，當然還有大量的掛鉤。**你還是可以為收納系統做很細微的分類，但在一開始設置新系統的時候，小心不要過度規劃你的空間。我建議你每次都用簡略的大

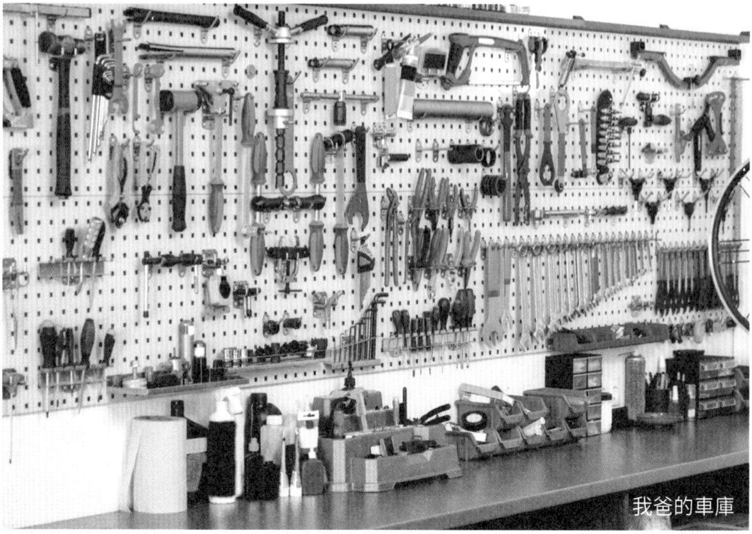

我爸的車庫

分類起頭，這樣之後你若有更多時間的話，隨時都可以再回去把你家的這些區域弄得更完美。

我爸是個百分之百的蜜蜂人，他的車庫所反映出來的，完全就是他重視視覺和收納細節的個性。車庫裡的一面大牆上裝了收納壁板，而且他真的把每一種工具的輪廓都畫在木板上。玻璃罐裡裝著完美分類過的釘子、螺絲、螺帽，層板上排滿了墊圈，每樣東西都有一個完美整齊的家。車庫是他的樂園，但這不包括家裡的其他區域，因為沒有人和他一樣對完美有所渴望。

還好我爸為了配合其他家人，調整了他天生對細節的重視；這也正是我要建議你們的。你可以慢慢花時間以注重細節以及視覺的方法，來設置你個人的空間，但在你家裡的公用空間，就要確保自己能妥協一些。

記住，不要讓你對「好像還有用的東西」的羈絆，導致你的空間失能。提醒自己，只有專注在當下，你才會真的快樂。試著不要只注意每個個別的物品，而是要看整體空間。如果有哪個東西是你在過去十二個月內都沒有用到，請

允許自己，不要再為了要丟掉它、然後往前走而有罪惡感。如果擁有更少，你就會有更多的自由時間，來享受能讓你的蜜蜂腦快樂的許多事。

清理雜物不只是要讓你的家更實用、更平易近人而已，更重要的是自我關照；我們不能低估一間亂七八糟的屋子所帶來的壓力。一個乾淨整齊的空間是你應得的，身為一個蜜蜂人，你的內心深處是渴望秩序和組織的。花點時間給自己整理一個期盼已久的環境，然後真正開始享受你的居家空間。

我絕對不是在說你一定要當個極簡主義者。面對現實吧，蜜蜂人的東西超多。我說他們是忙碌的小蜜蜂，是有原因的！老闆、手作人、各種興趣的愛好者……蜜蜂人是認真工作、認真玩的那種類型。蜜蜂人通常有非常多嗜好；閱讀是一種嗜好，所以如果一個蜜蜂人對閱讀很狂熱的話，他們很有可能會被書、雜誌或報紙淹沒。烹飪和烘焙也是嗜好，所以有些蜜蜂人的廚房裡會有所有可能派得上用場的廚具。蜜蜂人幾乎都有很多東西，不管是運動器材、拼

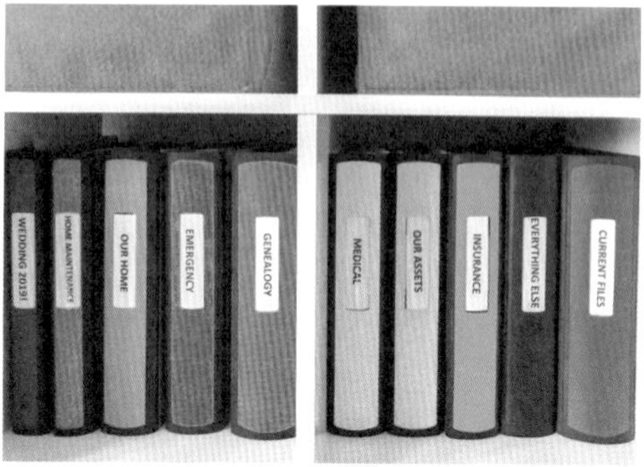

珍寧・M・哈克（Jeanine M. Haack）／提供

貼素材、攝影、美術用品、書、烹飪烘焙器具、木工材料、居家修繕工具……或是你的興趣會用到的任何器材，稍有不慎，你的空間很快就會填滿。

別擔心，你不需要全部丟掉。只要檢查你最近都沒用到的東西，在那些東西上做出艱難的決定就好。擺脫舊的、做到一半的計畫，來為更令人興奮的新計畫騰出空間。把重複的工具和材料捐掉，讓你可以更輕鬆地沉浸在嗜好裡。如果你的興趣已經轉變，不再對以前的嗜好感興趣的話，也可以把它介紹給朋友或家人。

還有其他給忙碌的蜜蜂人的建議嗎？**首先，接受「夠用就好」的收納**。比起累積成一堆，從「夠用」的收納系統開始會比較好；之後你有更多時間的話，永遠都可以回頭微調你的系統。**第二，進行中的未完成計畫，盡量同時不要超過三個**。如果你有做到一半、但已經很久沒碰的，也許該是全部放棄的時候了，這樣才能讓你自己和你的空間，為你可能會更熱衷的新計畫開放。你是不是有很多好幾年沒用的運動器材？雖然很困難，但說不定該是時候把這些器材捐出去或賣掉，然後把空間用在你真的會享受的興趣上面，例如書房或剪貼勞作區。請你再好好想一想，你真的需要那麼多鍋碗瓢盆、螺絲起子、貼紙或是書嗎？

動手吧！蜜蜂人

蜜蜂人最常見的現象，就是他們的出發點都很好，但一天就只有二十四小時，可以在合理範圍內完成的事情也就那麼多而已。我們也必須承認一點：即使某個東西可能還有用處，但它占去的空間，或許是可以用來放置更重要的物品的。這裡有一些專屬蜜蜂人的訣竅：

- **為你自己和你的住家列出優先處理清單**。擁有乾淨的廚房，有沒有比完成你的拼貼本還重要？然後把時間空出來給你認為要優先做的事，並且在你開始一個新的任務之前把它做完。幫你自己寫一張待辦事項清單，從「最重要的」排序到「最不重要的」——先把最重要的那些做一做。
- **收納壁板**和你的收納人格簡直是天作之合，可以到處都放。
- **透明的盒子**、**籃子和玻璃罐**應該是你優先考慮的收納系統。
- **購入層架**。你很重視視覺，所以開放式層架對你來說是必須的，書櫃是蜜蜂人最好的朋友。
- **學會放手**。蜜蜂人傾向把東西留著，「以免」他們哪一天可能會需要。如果你不喜歡這個東西，而且已經一年沒用了，就把它丟掉。
- **排行程**、**排行程**、**排行程**。你的時間寶貴，所以要盡可能利用。做一張每天和每週的家事清單、每日行事曆，並確定你有一份月曆方便對照查看。
- 比起其他收納人格，**蜜蜂人可以從列清單得到的好處更多！**把你當天想做的事都列出來（要在合理的範圍內），然後好好做這些事，而且只要做這些事。如果沒辦法全部做完，就把剩下的待辦事項順延到隔天。

丟、丟、丟。你真的需要那麼多把螺絲起子嗎？你真的會用到那麼多郵票嗎？你真的會固定使用的各種廚房工具有多少？蜜蜂人會為了他們的計畫收集用品，但結果通常都是很少用或根本用不到。

使用「專案盒」。拿個盒子或籃子，來裝你目前計畫要用的所有工具和材料。當你告一段落時，再把東西都收進盒子裡，直到你再拿出來繼續用。這樣的話，你的用品就不會礙事，而你下次想接著做下去的時候，也不用重新找出材料與工具。

現在我們的蜜蜂人章節快進入尾聲了，但我已經聽到有些人在吶喊：「但妳根本沒告訴我要怎麼整理家裡啊！我需要例子！」聽好了蜜蜂人，這正是你的課題！我也許有個乾淨整齊的家，但我可以保證，你絕對會比我有條有理得多。你已經知道整理自己住處的最佳方式了；你需要做的就只有放下恐懼，不要再扯你自己後腿就好。相信你的直覺，拿一些透明盒子或籃子、貼上標籤，開始分類就對了。把你最常用的東西放在最好拿的地方，不要又想太多！

上啊！我忙碌的蜜蜂夥伴，把你家改造成精心打造的避風港！相信你自己和你超級井然有序的出色腦袋！你沒問題的。

艾希莉亞・費南德（Arcelia Fernandez）／提供

The Bee

蜜蜂人證言

“

伊莎貝拉

美國

天啊，知道自己是蜜蜂人之後，我終於懂了為什麼我都拖著不去打掃……呃，是清掉雜物的時候了。我在等待完美的系統，但似乎總是找不到。我做了妳的測驗，然後仔細觀察了我的辦公室、手工藝工作室、書房，果然……（下鼓聲）都是「蜜蜂人」的方式。手工藝書在這個書架，食譜又在另一個書架，諸如此類的。即使是我小小的收納間都有這種徵兆。常用的東西都放在最前面，分成很多小類。妳激勵了我繼續清理雜物，因為妳說明和討論這件事的方式，讓我覺得自己是個（蜜蜂）人，而不是廢物。我會繼續下去，但我已經看到很大的進步了。謝謝妳小卡，謝謝妳所做的這麼棒的一切。我得到的所有建議裡面，最棒的就是妳的。

”

“

隨和媽媽（Low Maintenance Momma）

YouTube

我先生是蜜蜂人！這描述太準了！他有三個主要的嗜好，還有數不清的小興趣，他擁有的東西真的至少是我這個蟋蟀人的四倍。我正在重新整理我們的家，從客廳開始。天啊，幾年來我都嘗試要搞懂他這個部分，嘗試不同的整理術。在知道他的昆蟲收納人格之後，我們去買收納盒，他想要透明的盒子，我想要有不同顏色分類標籤的不透明盒子。現在我就能找到讓兩人都滿意的中間點：開放式層架用透明袋子，但正面有配色協調的紙板和標籤；如果是密閉式櫥櫃，就是一打開門即能一目瞭然的透明盒子。謝謝妳，昆蟲小姐！

”

“

南西

澳洲

我的天啊！我以為妳會讀心術！我百分之百是蜜蜂人。沒錯，我是完美主義者。沒錯，捨棄東西對我來說非常困難，因為我可能有一天還用得到！沒錯，我想要完美的系統，但在我有時間之前，我就只會讓雜物堆起來而已。這根本就是在說我！感謝妳的小測驗。我現在完全了解自己了，也知道為什麼我的女兒們是用她們那種方式在「整理」；我一個女兒也是蜜蜂人，另一個是瓢蟲人。我看見一線曙光了！

”

Chapter 6

和蜜蜂人一起生活或工作

The Bee

你的鼓勵可以幫助蜜蜂人，
戰勝他們和所有物之間的聯繫，
進一步控制自己的囤積癖。

勤奮蜜蜂的繁忙生活

蜜蜂人非常忙碌，他們通常都有「認真工作、認真玩」的個性，相處起來也很有趣，很有激勵的效果。如果你夠幸運，可以和蜜蜂人一起工作或生活，你就知道我在說什麼。

蜜蜂人性格中的眾多面向，還包含了千變萬化的極端。其中有些人極度仰賴視覺呈現，但其他人只需要把最重要的東西擺出來就好。有些蜜蜂人是強硬的完美主義者，而其他人則已經學會如何放寬自己的標準，來過得更隨和一點。不管你周遭蜜蜂人的視覺派和完美主義程度如何，我確定你很了解他們核心的基本性格：勤奮、有抱負、有創意、有條有理，可以同時處理很多工作。蜜蜂人的生活通常多采多姿，但也幾乎因此總是擁有大量物品。

如何提升蜜蜂人的行動力

說到整理，有時候和蜜蜂人一起工作或生活還滿有壓力的，這取決於蜜蜂人的症狀有多嚴重，以及和你的傾向之間有多大差異。**我最常從求助者那裡聽到的問題，就是他們很容易把東西累積成許多小堆，然後真的很討厭其他人去碰。**這種堆積的傾向來自完美主義者的天性。身為完美主義者，蜜蜂人希望把自己的東西「好好」收起來，所以如果時間或空間不允許的話，他們就會先把東西仔細地堆成小堆。

安妮・維勒（Annie Wieler）／提供（@anniewieler）

我懂，我真的懂。對瓢蟲人來說，最糟糕的就是視覺上的凌亂。我看到一堆東西的時候，只想把它們藏起來。我無法告訴你有多少次我「幫」我先生把他的東西收起來，卻反而讓他很沮喪。我與一個完美主義者（他是同樣注重細節導向的蟋蟀人）走了十七年的婚姻，教會我一件事：**不要把他的小雜物堆收起來。**對我的瓢蟲腦來說，雜物堆就是需要立刻清理乾淨的大混亂；但對蜜蜂人來說，那些都是重要的東西，是分類過的集合，要等有時間的時候再來好好處理。與其要收拾或是移動，最好還是幫他們的小雜物堆貼上「自己的家」的清楚標示，以給予蜜蜂人鼓勵。**移動或收拾都只會引發東西不見的焦慮，更會強化日後堆積的現象，反而更難解決。**

因為蜜蜂人完美主義的天性，他們也會對與他們共享空間的人有很高的要求。身為注重收納細節的人，對他們來說複雜精細的系統是正常的，也通常會覺得其他人可以適應。如果維持蜜蜂人的高標準收納對你來說很困難的話，你們雙方可能都會很挫折。

我之前有個超優秀的蜜蜂客戶，她是單親媽媽，有三個正值青少年的孩子。這位客戶（我們就叫她貝瑟妮吧）委託我來幫忙「訓練」她的孩子們學會收自己的東西。只要看一眼她一絲不苟的家，我就知道為什麼她會覺得小孩亂七八糟了。貝瑟妮家的每樣東西都完美地收納在堆疊式的收納盒中，或是在層架上整齊地排排站好。如果你需要一張ＯＫ繃，就得先把疊在ＯＫ繃收納盒上的四個盒子全部拿下來，然後再打開那收納盒裡面讓人眼花撩亂的夾鏈袋，裡面裝的是按照尺寸和種類分類的ＯＫ繃——無法想像那感覺會有多緊繃！

對貝瑟妮而言，她的收納等級是很正常的，輕輕鬆鬆就可以維持。但對她的孩子們（還有我

蓋爾・伊凡斯（Gail Evans）／提供

本人）來說，就好像是要求他們在新好男孩的演唱會中矇著眼睛做微積分一樣（不要太挑剔我的比喻，我只是想找個聽起來真的超難的任務而已）。我的重點是，貝瑟妮的小孩會亂不是因為他們懶惰；他們只是沒有用同樣細節和層次分明的分類方式來整理而已。

的確，不是所有蜜蜂人都和貝瑟妮一樣仔細，但他們真的都很想變成這樣。這股對完美的渴望，通常會導致拖延。「如果做不好，幹嘛還要做？」是我常常聽到蜜蜂人說的話。所以，雖然有些蜜蜂人是超級乾淨、條理分明的，也還是有其他在雜物堆中掙扎的蜜蜂人。

所以，要怎麼和蜜蜂人一起工作

或是生活呢？

用標籤與清單。拜託，對蜜蜂人來說，把東西寫下來有多少好處啊！標籤不只可以幫助視覺整理派克服將東西「收起來」時所產生的焦慮，甚至還能在潛意識中給他們整理的動機。**至於列清單，沒有別的東西比一張重視視覺呈現的清單，更能讓蜜蜂人充滿動力了。**清單能讓他們保持專注，而且更有效率。

不管蜜蜂人承不承認，他們都比其他收納人格更需要結構和慣例。如果沒有簡單可行的行動計畫，他們的完美主義可能會變成脫韁野馬。每日、每週和每月的待辦事項清單，可以減輕許多和蜜蜂人一起生活或工作的壓力。因為他們通常會同時做很多事，所以花時間把想法寫下來是很重要的。只要花幾分鐘把腦子裡想到的東西寫下來，就能減輕他們因為無時無刻都試圖精準掌控自己的想法所引發的焦慮；這也可以讓他們做一件自己最喜歡的事——組織架構他們的時間與行動（而不是物理空間）。

讓清單對蜜蜂人產生效用的祕訣，在於要依照優先順序來排列。蜜蜂人什麼都想做！雖然幾乎所有蜜蜂人都已經是清單的瘋狂使用者了，但也不表示他們目前的清單是有效率的。蜜蜂人必須依照優先順序來排列他們的清單。大多數蜜蜂人對自己和他人都抱持很高的期望，但有時候這種期望可能會阻礙他們的進度。**鼓勵你周遭的蜜蜂人把自己的想法寫下來，和他們一起檢視那張清單之後，選出最重要的事，來幫他們達成目標。**

優先事項規劃

排出一天當中所有事情的優先處理順序，可以幫助你完成更多事！

我最重要的工作和擔當的責任

-
-
-
-
-
-

其他需要我注意的重要／緊急事項

-
-
-
-
-
-

如果我有時間的話……

-
-
-
-
-
-

為自己做的事，一天至少選一樣

-
-
-
-
-
-

蜜蜂人芭波

幾年前我有個客戶（就稱她為芭波吧），她不管在哪方面都是徹頭徹尾的蜜蜂人。她委託我協助整理她的廚房，我告訴你，我們第一次的會面和她本來想像的不太一樣。芭波的預期是我們會討論怎麼重新整理她的廚房，讓廚房變得更實用。可憐的芭波，還不知道有個「驚喜」等著她！

芭波是超級女強人。她不只是家庭主婦，也教養四個在家自學的小孩，還在家裡做生意，經營自己的網誌；說她有很多事要處理，已經是很保守的說法了。

殷德拉加・潘丘馬提（Indraja Panchumarthi）／提供

雖然她的廚房超大，但檯面上的每一寸空間都被成堆的雜物占滿。她有好幾疊信件、小孩的美勞作品、烘焙用具、食物儲存罐、手作材料，還有大量的目前待辦清單，數量之多是我從來沒見過的。

我和新客戶碰面的第一件事，一向都是坐下聊聊。我會找出他們想從自己的空間得到什麼，並協助他們分辨什麼對他們是好用的、什麼則不好用；我也想知道客戶家的大小事。在我們對談的時候，其中一個我能夠協助他們的大重點，是分辨家裡每個人的收納人格。

我只花不到兩分鐘，就完全了解——為何雖然芭波是個有條有理的人，她的廚房仍然是徹底的災難。芭波沒有設定優先順序，卻什麼都要，結果全部落空！她完全被壓垮了，所以一直在原地打轉，更糟糕的是，她不知道怎麼打破這個循環。

我們的對話是這樣的：

我：「告訴我，妳想要妳的廚房有什麼功用。妳要拿這個空間來做什麼？」

芭波：「嗯，做飯跟烘焙是一定要的。我有四個小孩，我們全部都在廚房的餐桌吃飯。我也在這邊備貨，烤蛋糕和杯子蛋糕給客人，通常每個週末都有訂單要做。喔……而且我也用餐桌幫小孩上課。我還開了一個部落格，所以也會在餐桌寫東西。我們也在這邊付帳單……我還喜歡在這裡做手工藝……而且我還想要創業做外燴，所以也在這邊收集很多資料。」

她指派給廚房的任務愈來愈多。在她持續條列時，雙頰也開始紅了起來，感覺好像她從來沒有真正停下來，思考過她試圖想要完成的每一件事情；而當她終於花時間全部列出來之後，馬上就看得出來——系統已經超載了。

芭波的廚房和腦袋都擠爆了。她每件事都想做，但她對自己和那可憐廚房的期許根本就不切實際。

我們沒有馬上開始動手整理她的餐桌檯面，而是先坐好，列出一大張她想要在廚房做的每一件事。

我：「好了，芭波，我要妳在每件事旁邊都標上數字，『1』代表一定要在廚房進行的最重要的事，『10』代表最不重要的。」

雖然她的完美主義腦想在每一件事旁邊都標上「1」，她還是不情願地把這些事項按照重要性排列。我用一些問題來幫助她排出優先順序：「有什麼事一定要每天做？」「哪些事情有時效性和外在期待？」「哪些事不能移到其他空間來做？」

我們快速看一下她的清單：

1 做菜
2 吃飯
3 烤蛋糕
4 整理蛋糕訂單
5 幫小孩上課
6 寫部落格
7 上網
8 做手工藝
9 付帳單
10 籌備外燴的創業

一旦把她的清單按照優先順序排列之後，要和她的完美主義腦溝通就容易多了。我：「芭波，我們得找廚房以外的另一個地方，來做清單下半部的事。我們在妳家逛個一圈，看看可以想到什麼。」

廚房隔壁就是一間寬敞又漂亮的正式餐廳。我問她這裡有沒有很常用的時候，她勉強承認這裡一年只會用來辦幾次盛大的晚餐派對而已。芭波熱愛擁有一間「正式的餐廳」，並不想捨棄它；但現在既然我們有了她的優先事項清單，在家裡打造一個教學空間，顯然就比擁有一個用不到的房間要重要多了。

芭波委託我整理她的廚房，但我們卻把她的餐廳改造成居家教室兼她的辦公室，讓她可以在這裡寫部落格、付帳單。我們設置了宜家家居那種高及天花板的開放式層架，來放小孩的文具和美勞用品，甚至還把桌遊和一些玩具搬來這裡。最終結果是一個可以讓她的小孩好好享受的超棒空間，感覺就像真正的教室。我們也買了一張大書桌，這樣芭波就可以在小孩寫作業時，處理她愈做愈大的部落格和生意。

因為文具、美勞用品和紙張文件都已經從廚房搬到它們的全新專屬地點，因此芭波的廚房現在可以拿來做菜、烘焙，一起吃飯的空間也綽綽有餘了。

像芭波一樣非常有野心的人，就會有這種缺點：**有時候，如果我們在人生中想同時做太多事的話，每件事情反而都做得不太好。**對芭波來說，當一個很棒的媽媽、成功地經營蛋糕生意和部落格是她的優先事項，所以她決定把時間和精力集中在上面。我鼓勵芭波先暫時把外燴創業的夢

克莉絲塔・史古菲爾德（Christa Schoolfield）／提供（@Schoolfieldchrista）

想延後。她沒有放棄，她只是先把它放到一邊，等待它在優先待辦清單的序位可以往前移的時機到來。

在我來之前，芭波為了能讓廚房裡有更多空間，花了好幾個禮拜思考鍋碗瓢盆的最佳收納方式。她浪費了無數個小時在研究最適合裝小孩文具的收納盒。她在細節裡迷失得太深，以至於看不見全貌。面對她的目標，她完全沒有進展。

花時間後退一步與規劃，讓我們可以著重在全貌上。芭波的優先順序清楚之後，解決方式自然就會出現。

細節導向的人很容易迷失在這些小細節裡，你身邊的蜜蜂人，也許也能藉由往後退一步，來重新評估自己的住家、工作空間甚至是行程表而獲益良多。如果有人在猶疑不決的迷宮中走失的話，你能做的最貼心的事，就是伸出一隻溫柔的手，為他們指示出口。你可以幫他們列優先清單，並鼓勵你的蜜蜂人為全貌寫一個計畫。

豐富與簡潔之間的磨合

要讓不同的收納人格和睦相處，請記得我們在第四章時概述過的黃金法則。**當不同的收納人格者共享同一個空間時，我建議一定要優先採用豐富視覺和簡易收納的系統。**

舉例來說，要求一個需要簡潔視覺的人（蟋蟀人和瓢蟲人）違反他們的天性、學著把外套掛在鉤子上，會比要求一個追求豐富視覺的人（蜜蜂人和蝴蝶人）把外套收在衣櫥裡，來得簡單得多。要讓一個渴望精細收納系統的完美主義者（蟋蟀人和蜜蜂人）放寬自己的預期來接納更簡略的方式，也比要求需要簡單收納的人（蝴蝶人和瓢蟲人）去適應複雜的系統，來得更加容易。只要客戶遵守了這條法則，效果都好得讓人無法置信。我知道這很難，但你得敞開心胸，接受必須的妥協。

在和蜜蜂人同住的例子中，這樣的妥協**需要蜜蜂人以外的其他人，讓收納保持在重視視覺呈現的方式上**。不過，如果另一種昆蟲正巧是瓢蟲人或蝴蝶人，那麼就輪到蜜蜂人必須接受整體收納系統變得比較簡單、沒什麼結構（即便還是視覺導向），來配合另一種昆蟲。

如果你正在讀這一段，發現自己必須為了生活周遭的視覺派蜜蜂人而讓步（就是在說你們，蟋蟀人和瓢蟲人），也不要灰心。我絕對不是在說你家裡每樣東西的收法都要讓人看得到，但我

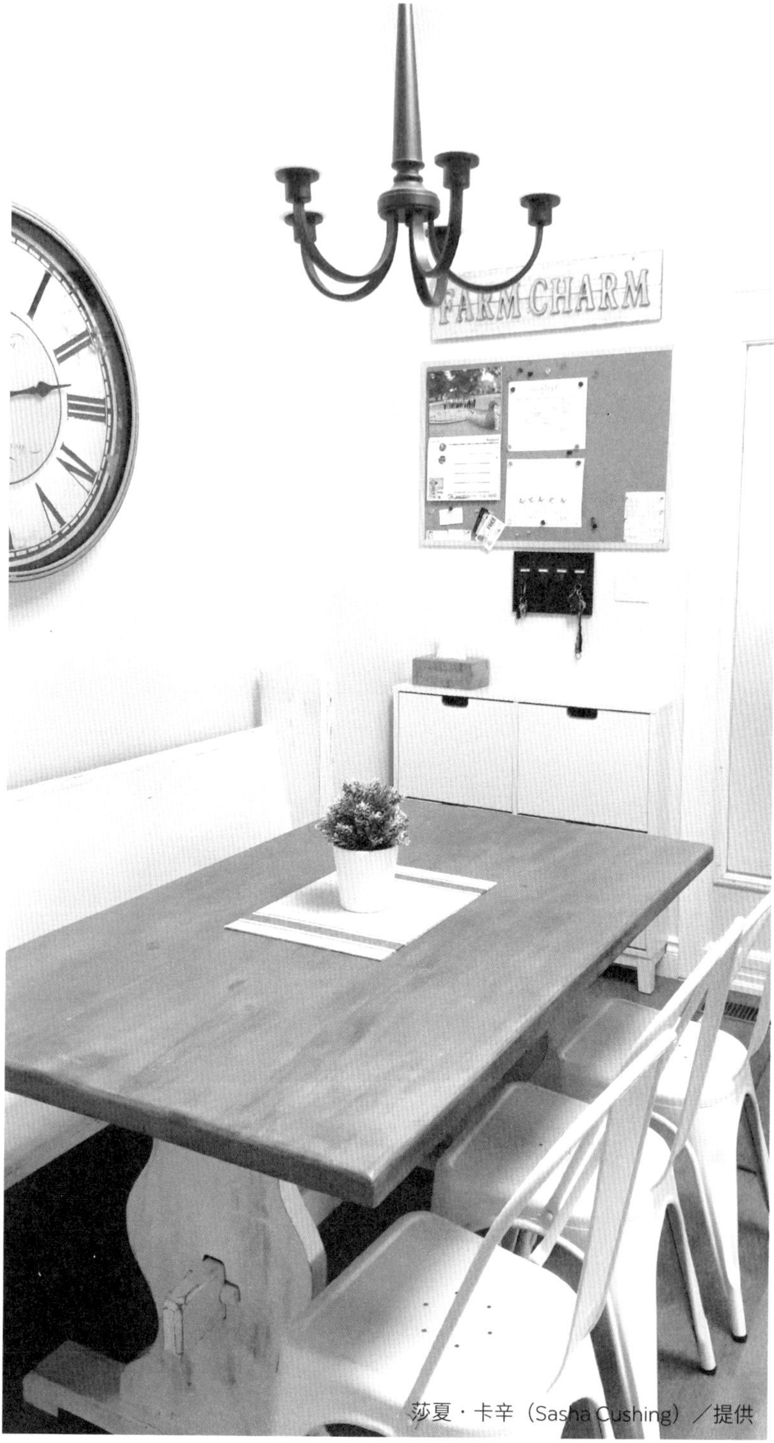

莎夏・卡辛（Sasha Cushing）／提供

的確建議在牆上掛個家庭行事曆，以及把收到的信件、鑰匙、錢包和其他每天都會用到的東西，放在真的很顯眼的地方。你還是可以有一個自己感覺起來很清爽的家，同時又能為你的蜜蜂人維持一個視覺派的收納系統。選擇簡單的色系以及貼有清楚標示的同系列收納盒，思考一下你的蜜蜂最常堆積的重災區在哪兒，並試著幫他們習慣堆在那些地方的東西，打造一個看得到的系統。掛鉤、收納壁板和開放式層架，是對蜜蜂人來說超好用的視覺派收納系統，簡單又有效率。

如果你是蝴蝶人或瓢蟲人的話，也許會需要提醒你的蜜蜂人：你就不是一個那麼注重細節的人，覺得要跟上他們的收納標準很困難。開誠布公討論你的難處，對找到適合的折衷方式很有幫助。

如果你像我一樣，家裡開始有點雜亂時就會感到焦慮的話，和你的蜜蜂人解釋一下他們的堆積物會給你壓力，**請他們考慮先用專案盒或大籃子把他們的雜物裝起來**，直到他們有機會好好整理為止。

記住，把他們的東西亂塞到櫃子或抽屜裡（尤其是完全沒先知會他們就直接動手——抱歉了親愛的），和你從他們的雜物堆中所感受到的壓力和焦慮是相同的，甚至更嚴重。

折衷是關鍵，但不幸的是，總是讓每個人滿意的完美解決方式並不存在。融合不同收納人格的重點就是互相，這需要尊重、耐心，以及大量的坦白溝通。

蜜蜂人要克服的最大障礙就是不願意清理不需要的東西。我告訴你，大多數的蜜蜂人真的很難丟東西。對他們來說，每樣東西都是有價值或有意義的，把它們捐出去或丟掉，就等同浪費。

蜜蜂人要減輕丟東西的焦慮需要練習，有點耐心吧。我建議慢慢開始，從很明顯就是垃圾的東西下手。**每次你的蜜蜂人丟掉什麼東西時，不管你覺得這事情多小或多沒意義，都要尊重並鼓勵他。**如果你的蜜蜂人把舊雜誌丟掉，記得要為他開心；或是主動要求幫忙，幫他分類然後丟掉裡面沒有特別手寫內容的生日卡。我親愛的奶奶是蜜蜂人，因為覺得丟掉會不好意思，所以以前她收到的每份卡片都會留下來；但在溫柔的勸說之後，她丟了幾百張不是家人朋友手寫、上面只印著「Hallmark」祝福語的卡片。

你的支持和鼓勵，可以幫助你的蜜蜂人，戰勝他們和所有物之間的理性與感性聯繫。時間一久，扔棄的恐懼和焦慮將漸漸消失，你的蜜蜂人就可以掌控他們自己的收集和囤積癖。

比起其他收納人格，蜜蜂人是最難把雜物丟掉的，但也不是不可能。我有蜜蜂客戶現在就是徹底的極簡主義者。信不信由你，有很多專業整理師本身就是蜜蜂型人格！

當蜜蜂人下定決心要做一件事，後援系統又已經到位時，任何事情、甚至是每件事情，都有可能。

瑪莉安娜・卡茲瑪瑞克（Mariana Kaczmarek）／提供（@marikaczmarek）

Chapter 7

瓢蟲型人格

The Ladybug

瓢蟲人很少專注在小細節上，
反而比較傾向觀看全貌。
他們喜歡乾淨整齊的空間，
視覺上愈清爽愈好。

追求簡潔的視覺和簡易的收納

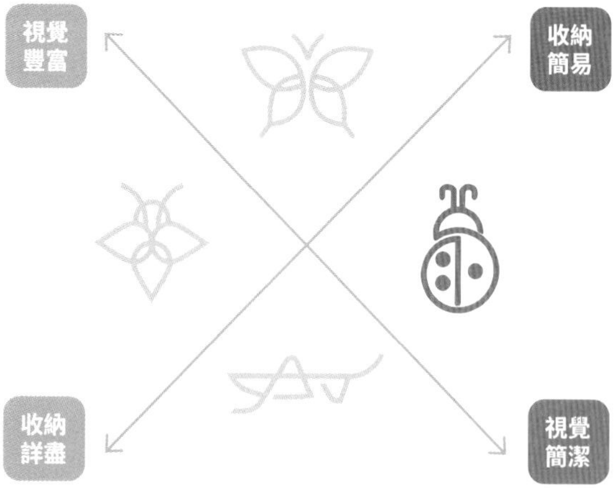

莎夏・卡辛／提供

瓢蟲型思維

瓢蟲人真是個謎。他們大多無憂無慮、外向直率，但同時也會有點神經質，是個十足的阿宅。你有可能個性外向，但其實從來都不想踏出家門嗎？你有可能是個愛玩又無憂無慮的人，但也會因為流理檯上的髒碗盤而覺得壓力爆棚嗎？沒錯，瓢蟲人就是可以。

就像蝴蝶人一樣，瓢蟲人的思考方式也是大方向的。瓢蟲人是夢想家，在生活中極少停下來專注在小細節上。愛玩的瓢蟲從任務到任務之間移動，他們的注意力可能極容易分散，因此需要單純輕鬆的整理方式來保持專心。他們樂天又精彩的個性，和他們想要周圍的環境看起來的樣子，形成強烈的對比。**瓢蟲人極度渴望視覺上的簡潔，而且要求可能會很嚴格**。

你已經從前面的章節知道這世界分成兩種人了：喜歡看到自己東西的人和不喜歡的人。瓢蟲人完全不用懷疑，他們絕對是不想看到自己東西的那種人，而且非常極端。

我說的不是家飾品或家具（身為一個瓢蟲人，並不會把你變成極簡主義者）。我指的是我們在任何 天可能都會用到，外表卻不一定很賞心悅目的東西。我說的是你的電捲棒、待付的帳單，或是維他命的瓶子。對瓢蟲人來說，這些日常家庭用品全都必須收起來，離他們的視線愈遠愈好。

現在，讓我來告訴你，他們最難啟齒的祕密。瓢蟲人的家看起來可能真的很整齊，但……那全部都只是假象。

這句話聽起來似乎很嚴厲，但我完全有立場這麼說，因為本人就是教科書裡會出現的百分之百標準瓢蟲人。我把所有東西都塞得、藏得眼不見為淨，我的「塞床下就對了」心理，對整理收納來說絕對是一種破壞。

就像對視覺派整理類型的蜜蜂人和蝴蝶人來說，看不到重要的東西會有點焦慮一樣，有太多東西散亂在外面，可能也會讓瓢蟲人嚴重心悸。不要誤會，幾乎每個人在朋友來家裡之前，都會先整理過、把雜物藏起來，但這並不表示你就是瓢蟲人。瓢蟲人甚至連沒人要來的時候都會做這種事。對瓢蟲人來說，他們是為了自己心裡的平靜，才會想要他們的空間保持整齊。不幸的是對這種昆蟲來說，讓所有東西都眼不見為淨的衝動，可能迫使他們連重要的東西都會藏起來，嚴重的話，你在家裡就無法使用或找到任何東西。就是這點，讓他們表面上看起來整潔的居家，成為一個美麗的幻覺。

這種把雜物藏起來的傾向不見得是壞事。只要在我們收東西的區域有正確的系統，我們就可以毫不費力地維持一個整潔的家，甚至連這些可怕的抽屜、櫥櫃和儲存空間也一樣。**這就是祕訣所在：要有正確的系統來搭配你的收納人格。**

我自己的懶蟲故事

我極度需要簡潔的視覺，運用協調柔和的色調和大量的對稱，來讓我那注意力不足的過動大腦，保持和緩與冷靜。甚至連排列沙發上的抱枕或壁爐架上的相框，我都可能會有一點（小小的）偏執傾向。我一天會把浴室的毛巾調整對齊好幾次，也不能接受家裡有壞掉的燈泡，我的眼睛馬上就會跟著大抽筋；我可是出了名的龜毛。

即便我這麼（執著地）渴望自己的住家看起來優雅又完美，這卻只適用在我家裡肉眼清楚可見的區域。在關著的門後面，嗯……才是我真正怪胎的地方。

我根本就很邋遢。在二十歲前後那幾年，我的瓢蟲型思維與青少年時期的煩惱相較之下，顯得無關緊要，因此結果就是——我的雜物到處都是，真的要在雜物堆中硬擠，才清得出可以走動的小徑。到二十五歲左右，我就進化成一個徹底的「藏物家」——把所有東西都囤藏起來的專家。我「整理家裡」的例行工作，就是把我所有的廢物擠進每個我找得到的櫃子、抽屜或隱藏式空間裡。**在我的藏物魂暴走下，沒有東西可以倖免。**重要的文件？到那個還有其他莫名其妙的東西塞著的抽屜找找看，祝你好運。乾淨的衣服？嗯……最好先來個嗅探測試，因為它們全部在衣櫥底部，和還沒洗的衣服混在一起。

當然，瓢蟲人的瘋狂是有程度之分的。有些每次打開櫥櫃時都會發生土石流，但有些還算滿整齊的，問題只存在幾個看不見的地方。不管你現在的瓢蟲狀態是什麼，我們都有共同的整理特質：**我們需要簡潔的視覺和簡易的整理收納法**。

簡易的整理收納

對我和所有的瓢蟲人同伴來說，我們需要的是一個真的很簡單的收納方式，這樣才會每天使用。把信件收起來的步驟，要跟塞進抽屜一樣簡單……不然我就真的只會把它們塞進抽屜裡。我過去試過各種令人嘖嘖稱奇的收納系統：檔案櫃、整套的檔案夾，還有真的存在我電腦桌面的資料夾。我偶爾會用這些分類系統，不過如果要每天用的話，我的注意力就容易被轉移，沒辦法花時間細分。對我們瓢蟲人來說，重要的是全貌，而不是小細節。

較不注重細節的簡單收納術，是我唯一可以長期維持家裡整齊的方法；理解了這點之後，我

蕾斯里・惠特利（Leslie Whitley）／提供

的雜亂問題才真正有了轉機。當我終於停止嘗試其他人覺得好用、層次分明、超級注重細節的收納系統後，我才真正地可以好好整理收納。

哈囉，藏物家

我甚至在還沒成為一個乾淨整齊的人之前，就已經很重視居家外觀了。擁有漂亮的住家對我來說很重要，所以我最喜歡的嗜好是室內裝飾和DIY。**我很努力讓家裡最外顯的那層表皮維持在掌控之中，這表示一切的底層都是超級嚴重的大混亂。**哪個東西在哪裡我真的不知道，從來都不知道。我每天都在搞丟東西，不停浪費好幾個小時把櫥櫃裡的雜物都拖出來，一找到消失的物品就又把它們全部塞回去。已經快遲到卻找不到鑰匙或錢包（或隨便其他什麼我弄丟的重要物品）——我太熟悉這種驚慌的感覺了。我真的會把家裡拆了，每個地方都找，結果在找到之後，我甚至還要花更多寶貴的時間把那堆雜物塞回去。我每天都在玩這種莫名其妙的捉迷藏。

我以前找不到某些東西時，會認真以為一定是有陌生的路人，或某個鄰居、或前男友……闖

進我家把東西偷走。有哪種怪胎會覺得他們找左腳的鞋子找了幾小時，但它依舊行蹤不明？所以肯定是被偷走了！這裡啦，就是這種怪胎（指著我自己）。我每個禮拜都會因為這種想像中的隨機「竊盜行為」而抓狂。比起事實的真相——我從來都沒被偷過，就只是我生在一個豬窩裡而已——被隨機竊盜的解釋還容易接受得多。我什麼東西都找不到，因為我邋遢到不行。

瓢蟲人琳達

我從以前到現在最喜歡的客戶是個瓢蟲人，就和我一樣。雖然她同意我在書裡寫她的故事，但我決定要叫她琳達，單純只是因為「瓢蟲人安（Anne）」這個稱號聽起來沒那麼響亮。

琳達是個忙碌的全職媽媽，生了兩個小男孩，而且她和我一樣，對所有居家設計相關的東西都有真愛。當我為了我們的初次諮詢首次走進她家時，我的下巴掉了下來——琳達的家美得太誇張了。我說的是有鑲嵌裝飾的天花板、手工硬木地板，和多到讓喬安娜・蓋恩斯（Joanna Gaines）相形見絀的木蘭花圈。琳達的家不只美到令人屏息，而且更是一塵不染。

說真的，我的心沉了一下。面對這個很明顯已經達到瑪莎・史都華（Martha Stewart）的完美等級生活的女人，我哪可能幫得上忙啊？

在她帶領我穿過美到可以登上雜誌的鄉村風格廚房、走到她清新優雅的房間時，我們還禮貌地聊著天。因為我是個比較口無遮攔的人，就衝動地說出：「琳達，我幫不了妳，這和我已經是不同等級了。我用洗碗籃和百元商店買的容器整理我家；妳家已經光速把我甩在後面了。」是啊，我對自己的家沒有把握，而且我在任何物品上所走的精省路線，也讓我覺得我不夠資格幫助她。

她對我不專業的發言並不驚訝，反而邊笑邊指向她位在走廊上的櫥櫃。「去看看櫃子裡面。」她咯咯地笑。

在拉開她雜誌等級的鄉村風櫥櫃門那一刻，我鬆了一口氣。琳達和我一樣，是個超級亂的人。

莎曼莎・寶赫提／提供

雖然琳達家外表的乾淨整齊程度是我只能夢想的，但她的櫥櫃塞滿一堆垃圾，讓我立刻就知道我們倆像到不行。亂七八糟的不只是琳達的櫥櫃，甚至廚房的櫃子和抽屜都塞滿了紙類、空盒，還有所有你想像得到的東西。我們真的在她櫃子中的沙拉碗裡找到她兒子的髒足球衣，她對著那裡大叫：「原來我把它放在這裡！它已經消失兩個禮拜了！」什麼東西被怎樣放到哪裡完全沒有邏輯可循，她也坦承她老是要花好幾個小時找不見的東西。

所以，這麼在意居家外表的人，怎會把髒衣服塞在廚房櫃子裡？答案很簡單，琳達是瓢蟲人。

瓢蟲人陷入的迴圈就像這樣：**他們花很多時間打掃和尋找搞丟的東西，所以才會覺得沒有時間把每樣東西都拿出來整理。但因為沒有整理，所以又得一直花時間打掃和找東西，然後繼續惡性循環下去。**

琳達每天平均花三到四小時整理和打掃家裡。她把所有雜物都塞著藏起來，因為她只想要眼不見為淨，卻沒有確切專屬的地方可以收納雜物，結果關著的門後面都是一團混亂，她甚至浪費更多時間在裡面翻找日常用品。

你之前已經聽我說過了，所以現在應該不會太驚訝：琳達的障礙（也是我的障礙）就是——我們瓢蟲人不用傳統的整理收納方式。我和琳達在過去曾經試過幾百種收納容器和看起來很厲害的系統，但它們總是讓我們失望。我們都認為自己天生就是邋遢，所以很久以前就放棄整理了。

這正是琳達找我協助的原因。她已經玩累捉迷藏了，只想弄整齊之後一勞永逸。當我們坐下諮詢時，我問了她一些我也問過所有客戶的問題：**「目前妳確實覺得有用的整理收納系統是什麼？」**她的回答真的讓人很心疼。

「都沒有。」她忍住淚水哽咽著說：「妳是我找的第三位專業整理師了。前兩位真的很棒，她們在我所有的櫃子裡都設置了完美的系統，妳真該看看我的食品櫃，真的很漂亮。我花了幾千塊，但就是沒辦法讓任何東西維持整齊。」琳達避免和我有任何眼神接觸，我太了解她正經歷著什麼感覺——慚愧。

看到我面前這位美麗的才女覺得自己這麼糟糕，我真的打從心裡難過。我完全知道她的感受，因為我也曾經這樣。身為全職媽媽，打理家裡是工作的很大一部分。維持家裡的整潔看起來是一件很簡單的事，所以當你一次又一次地失敗時，就會忍不住覺得自己也是個失敗。

琳達為自己的家感到自豪，努力讓它看起來光彩美麗，但即使在上面花了這麼多時間、精力和金錢，她還是沒有辦法保持整齊。

「琳達，」我說：**「妳一點都不邋遢，也不是不會整理。那些收納系統對妳沒用，是因為它**

們不是為妳的整理類型所設計的。妳是瓢蟲人。」

每當我遇到為囤積得亂七八糟而困擾的人，卻可以向他們解釋不同的整理類型，以及他們過去為什麼失敗的時候，對我來說都是難以置信的經驗。我得以看到他們雙眼中閃爍的希望，看見自我厭惡慢慢地煙消雲散，並且被他們一直在尋找的自覺所取代。當某人終於了解自己，知道完全不是自己的問題之後，就能稍微抬頭挺胸、笑容燦爛，眼神也會在一瞬間更加閃耀。

雖然我們的初次見面只是初步諮詢而已，但我很快就決定花幾分鐘來改造琳達走廊旁的櫥櫃，當成送她的禮物。我們把滑門拉開，清出堆積如山的東西，然後把它們堆在地板中央。在那一堆冬衣外套、好幾組衛生紙、特大包洋芋片、幾盒燈泡和塞滿不知道放了什麼雜物的購物袋下面，我挖掘出一套用許多層架打造成的衣櫥收納系統。這些層架上放了幾十個貼上標籤的精緻小盒，完美整齊地堆疊在一起。光是收燈泡的就有六個盒子，用來區分不同的類型和款式。還有一個盒子專門放菜瓜布，另一個則是專屬超細纖維抹布的；甚至連每一種電池都有各自的盒子——沒錯，3A電池有它自己貼上標籤的精緻小盒。我注意到的另外一件事呢？就是燈泡和電池都放在這些盒子的前方或上面，而不是在盒子裡。

琳達怯懦地說：「那是上一位整理師設置的系統。」當她的視線從堆疊起來的美麗盒子轉移到地板上那一大堆東西時，臉就紅了。**「它甚至維持不到一個禮拜，我就開始往櫃子裡面塞東西了。」**

這就是我覺得專業整理師的問題所在：他們整理的是一個住家裡的「東西」，而不是整理這整個家庭。

身為一個瓢蟲人，琳達永遠都不會花時間拿出這些盒子，把東西分類好之後，再放回這麼詳細的系統裡。琳達需要單純、快速又簡單的解決方式。收納盒蓋？在她的收納盒上一個都不能有，因為她幾乎不太花時間把盒蓋打開。琳達必須能夠馬上把東西丟進來「藏」好，但要用有系統的方式，這樣她之後才可以輕鬆地找到它們。

我聽過很多家庭花大錢購買專業整理服務，結果一週後就宣告陣亡了，這種例子多不勝數。如果你（或那名專業整理師）不了解哪些系統適合你和家人的整理風格、哪些又不適合的話，只會以失敗收場。

我臨時起意整理琳達的櫥櫃，就是要讓她知道她唯一需要的，只是一個簡易單純的系統而已。我們放棄了那些漂亮的盒子，然後要她拿來幾個她堆在地下室的大籃子和收納盒。它們彼此根本搭不起來，因此當我開始把琳達的東西裝進這些完全不協調的容器時，看得出她的雙眼充滿驚駭。

「這只是暫時的，」我向她保證。**「只要我們設置好妳會用的系統，妳就可以去買一整套漂亮的收納盒。先講求實用，再要求美觀。」**

琳達說她想把這個櫃子當成一個儲存空間，來放她購買的家庭號食品、清潔用品、日用紙品、電池、燈泡以及其他家用品。

當我把所有分類好的燈泡全部倒進一個大收納盒時，琳達的表情真是超級有趣。在我用紙膠帶和麥克筆幫收納盒做標籤時，她甚至表現得更驚恐。不過我知道，就是這種方式才會對她有用。

最後，我們把冬衣外套移到玄關的衣帽架，再回到櫃子裡為其他「無家可歸」的雜物找到棲身之所。像是燈泡、電池、清潔用品和日用紙品這些東西，在粗略歸類出類別後，就放進大收納盒裡。層架的頂層和底層剛好可以放體積大的家庭號食品和大串衛生紙，她甚至還多空出一層空間。

雖然看起來不美，但是整齊的——簡略地整理過。一開始，琳達還不相信。

「可是現在如果我要拿電池，就要先從盒子裡翻找出我需要的尺寸耶，」她抗議地說。

「沒錯，妳得多花幾秒鐘才能找到妳需要的電池，但在妳把整包電池放回去時卻可以節省時間。**對妳來說困難的部分是把東西收回去，不是拿出來。**」我試著向她保證，但她看著我的表情，仍像是我完全瘋了似的。

我將裝電池的收納盒從櫃子裡抽出來，拿了一包9V電池，再把收納盒放回層架上。當我把電池拿給琳達時，只需要說一句「現在，把它收起來」，她立刻就知道為什麼這會行得通了。她只花最少的力氣，就把那包電池丟回收納盒裡。

老實說，在我那天離開琳達家後，我不知道她以後會不會再聯絡我。她現在的走廊櫥櫃裝滿了風格不符的拼裝收納盒，上面還貼了潦草手寫的紙膠帶標籤，和其他專業整理師為她設計的精緻收納系統有如天壤之別。

琳達再找我已經是一週後的事了，她終於寄電子郵件給我，要我整理她家裡的全部區域。在我們下次會面時，她很興奮地打開上次我們初步整理的櫥櫃。那些風格不一的收納盒全部被換成一整套漂亮的籃子，再貼上可愛的黑板標籤。真令人驚嘆不已，但她確實還是依照相同的方式來

琳賽・卓克（Lindsay Droke）／提供

整理。琳達保留了簡略的大分類，因為她和她的家人覺得很好用！

我花了精彩的兩個月，協助琳達把她家裡每一個隱藏的空間都變成收納天堂。她身為設計師的天分，讓每個櫃子都美到可以分享在Pinterest上。同時，這種簡略的收納系統對她與家人來說，既好用又實際。我熱愛協助琳達發掘她內心的整理大師的每一刻。她現在這種改變人生的體驗，和我第一次學會整理時所經歷的一模　樣：**有更多自由時間、更少壓力，對自己也有自信得多。**

因為琳達每天不須再花好幾個小時打掃（或尋找消失的東西），所以她決定要好好利用這些多出來的時間，來創立她室內設計師的副業。我們到現在都還有聯絡，她的生意興隆，本人也神采奕奕。我很榮幸能參與到她驚人的轉變。

雖然不是所有客戶都能像琳達一樣，進一步開創自己的夢想事業，但大家都因為了解自己的整理風格，而受到足以改變人生的影響。我只能再三強調，整理就是讓你的生活更輕鬆、更沒有壓力，重點在於釋放出寶貴的時間和空間，這樣你才能專注在可以帶給你快樂的事物上。

瓢蟲型剖析

還不確定自己是不是瓢蟲人嗎？以下是一些瓢蟲人共有的人格特質：

- 瓢蟲人喜歡擁有乾淨整齊的家，但他們的櫃子和抽屜通常都是一團糟。
- 散落在外和亂七八糟的成堆雜物，會讓瓢蟲人感到壓力和焦慮。
- 「打掃房子」通常包括把東西藏起來，或亂塞在看不見的地方。
- 瓢蟲人不需要把物品擺出來，也會記得自己擁有那些物品。
- 覺得分類精細的系統用起來很麻煩，像是檔案櫃或可堆疊的分類收納盒。
- 瓢蟲人經常會移動或藏起東西，而使家人感到不開心。
- 瓢蟲人喜歡賞心悅目的整套收納籃和收納盒，來把他們的日常用品藏起來。
- 即使沒有人要來家裡拜訪，瓢蟲人也會把信件、藥品和衛浴用品藏得眼不見為淨。
- 對瓢蟲人來說，如果沒有正確的系統，他們就很難維持密閉式儲藏空間的整齊。

克莉絲汀娜・德爾普（Christina Delp）／提供

瓢蟲人的優點

瓢蟲人通常在設計上獨具慧眼，喜歡把家裡布置得很漂亮。他們不介意捲起袖子做家事或打掃，因為這和擁有一個舒適的家是一體兩面。這是個很大的優點！因為你已經很習慣整理和打掃了，但這卻是其他許多昆蟲常覺得困難的障礙。一旦你的家採用合適的收納術之後，你不用多費心力就可以維持下去。

簡潔也是一個強大的優點。在這個每個人都因為內在完美主義而煩惱的世界上，你看到的是更完整的全貌。你的大腦會自動把事物大略簡單地分類，自然就可以讓生活變得單純。瓢蟲腦不會專注在每個枝微末節上，也不會因此感受到壓力，這讓你有能力可以專心在其他事物上，例如把事情完成！瓢蟲人在短短的時間內，可以做完很多事情。

我選擇瓢蟲來代表這種整理類型的原因顯而易見：瓢蟲的殼美麗、閃亮又完美，但藏在殼底下的是嚇死人的恐怖片。你有看過瓢蟲展開翅膀的模樣嗎？整個黏黏的、超噁心，皺巴巴的翅膀紋路看起來又很明顯；你上網查查看就知道了。說真的，瓢蟲根本是這種人格類型的完美代言人！

真正的瓢蟲還有一件很酷的事情，就是不管在紙上畫出什麼線條，牠都會跟著線條走，真的很靈巧！上網搜尋「瓢蟲跟著直線走」就可以找到相關影片。當我第一次看到影片時，我甚至覺得自己選瓢蟲來代表這種整理類型的理由更充分了。一旦計畫開始執行，瓢蟲人在遵守和維持系統上真的很厲害（只要系統夠簡單的話）。這就是為什麼每日行事曆、待辦清單和行程表對你來說非常有用的原因。

就在我終於在家裡的每個地方都用上簡略的分類系統之後，它便開始保持整潔了，簡直像是魔法一樣。我刻意以非常緩慢的步調開始，每個禮拜可能只花十五到二十分鐘整理家裡，所以要建立可以獨立的自信，需要一段時間。老實說，我花了一整年才把每一個櫃子、抽屜和儲藏空間好好整理成適合我的瓢蟲型思維。你整理家裡總共需要多少時間，完全取決於你會在上面投注多少心力，以及你有多少東西。有些瓢蟲人只需要一個星期就可以把整個家裡整理好，但也有些瓢蟲人喜歡慢慢來，一次做一點點，像我就是這樣。

現在我的家裡終於整理好了，維持起來不費吹灰之力。比起以前，如今我花在整理上的時間只需要一小部分，而且再也不會把東西搞丟，大大地減輕了我的壓力和焦慮。但最棒的部分，是我有更多時間分給我所喜愛的人與事。要說「依照我的風格來整理」改變了我的生活，還算低估了這件事的成效。我有信心，這也能為你的生活帶來同樣的影響。

把這件事想成是一種投資。你花在整理、丟棄某個空間的雜物的每一分鐘，都將在你的人生中省下好幾個小時。你會更快樂、更沒有壓力，你的家人也會以一樣的方式受到正向的啟發。所

LIGHTS
DARKS

以，找出一點時間，今天就開始動手設置一些瓢蟲人非常需要的收納方式吧！

這裡有一些很適合瓢蟲人的整理術：

- **固定安排短時間進行整理。**即使一星期只有三次，每次十五分鐘也可以，一次選一個抽屜或櫃子就好。瓢蟲人需要快速簡單的計畫，來維持動機和衝勁。
- **使用抽屜分隔板或小型的開放式收納盒，把抽屜裡同類別的東西放在一起。**例如：電池、筆、工具、飾品、化妝品、膠帶、手作材料等等。用分隔板或收納盒，表示你只要打開抽屜，就可以輕鬆把東西物歸原處！
- **如果要收好很麻煩，你就不會收。**把你的收納方式設計得容易使用，並且要有清楚的標示。在抽屜、櫃子和幾乎每個地方，都放上沒有蓋子的收納盒吧！
- **漂亮的籃子是你最好的朋友！**瓢蟲人喜歡有一個清爽迷人的家，籃子可以讓你家裡看起來又美又整齊，同時也給你一個能輕鬆收納小東西的地方。用收納用品來收玩具、報紙、食譜、辦公文具和更多東西吧！購入互相搭配的同色系收納籃或收納盒，

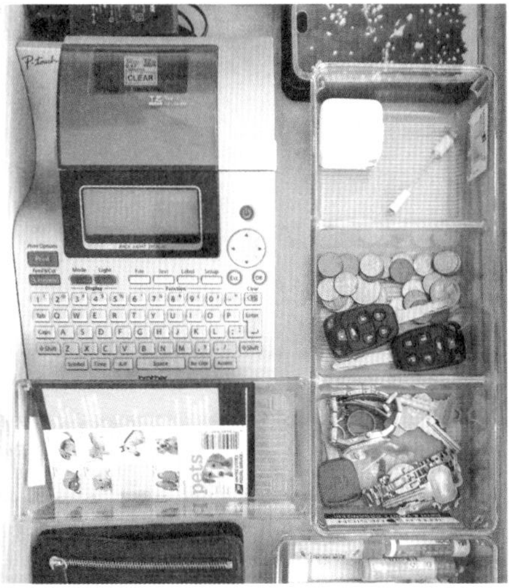

法米娜・史卡利亞（Famina Skaria）／提供
（@thechackolife）

可以帶給瓢蟲人極簡的外觀，同時提供他們亟需的快速整理捷徑。

- **資料夾或行事曆也很適合你。**有透明塑膠文件袋的漂亮資料夾很優秀，可以拿來裝重要的家庭文件，例如計畫表、日曆、聯絡電話、食譜、折價券、學校通知，還有小孩的美術作品！子彈筆記對你來說也是一個合適的手帳選項，因為它讓你可以設計自己的行事曆，並且用你自己的方式來排定計畫。
- **在你的家裡劃分物品的專屬區域。**成功的關鍵在於給你所有的物品一個「家」，你就會自然而然地把東西都好好收起來，而且要確保它們的「家」就在你使用地點的附近。你會在廚房桌上寫作業或做手作嗎？那就把寫作業和手作用品放在廚房。把你的活動和放東西的地方規劃在相近的區域，就可以保證清理工作總是快速有效率，例如手作區、作業區、玩具區、閱讀區等等。
- **經常丟掉沒用到的東西。**每個月訂一個時間徹底檢查，把你不再使用的東西捐出去；櫥櫃裡面的東西變少的話，要保持整潔也會容易得多！

籃子是你的王牌戰友

籃子和其他收納盒是瓢蟲人的祕密武器，你應該要在每個地方都放可以互相搭配的漂亮籃子（沒有蓋子的）！每個架子、每個櫥櫃和每個抽屜都應該要有收納格，這樣你就可以輕易地把東西丟回它們的家。

TOYS
M

籃子可以完美地一次符合你的兩種整理需求。首先，它把你的東西藏在你看不見的地方，給你迫切需要的清爽視覺。第二，它讓你很快就能把東西收起來，而且東西還不會混在一起、亂成一團。收納用品能存放的東西，還比你直接放在架子上要多得多，所以你的儲藏空間可以多一倍、甚至兩倍，更不用說多有效率了！

舉個例子，讓我們看一下你的浴室鏡櫃。沒有收納盒的話，藥罐子、OK繃盒和洗浴備品很容易就會混在一起，囤成一大堆。如果你用了收納盒，就能好好利用層架的垂直空間，這表示你可以在其中放入更多東西。若你有一個「急救」盒、一個「藥品」盒、還有一個「洗浴備品」盒的話，就可以概略地把這些類別分開，要找東西或把它們收回去都會超級容易。

當然，為了長遠的成功，為你的收納盒貼上標籤是非常重要的。標籤同時也可以讓其他類型的家人知道每樣東西都收在哪裡。不管你的整理類型是什麼，一定要幫收納盒貼標籤的重要性，我已經強調到不能再強調了。這麼做，讓找東西和整理都容易多了，而且在你使用完的時候，標籤也會下意識地提醒你要把東西收起來。

動手吧！瓢蟲人

身為瓢蟲人，想要輕鬆維持一個乾淨清爽的家，你其實已經在成功的路上了。我建議你從整理你的隱藏空間、丟掉那裡沒有用的雜物開始，變成整理達人。如果你的櫃子和抽屜裡的東西少了，要整理和維持都會簡單得多。

和其他昆蟲收納人格不同的一點是，**瓢蟲人很幸運，他們和物品的情感連結通常比較少**。當然，我們全都會有很難捨棄的紀念，所以記得從簡單的東西下手，例如過期的藥品、食物和個人用品（像是化妝品）。這裡有一張你現在就可以把它們丟出家門的清單：

- 你不再適合或不再喜歡，所以很少或從來沒穿過的衣服。
- 你已經看完而且不會再看一次的書。
- 你沒在用的香皂、香水或乳液。
- 一年內都沒有派上用場的多餘床組或毛巾。
- 放很久的帳單或月結單。
- 一年內都沒拿出來用的廚房用品。
- 過期的藥品、食物和化妝品。
- 小孩長大後不再適合的玩具。
- 你不喜歡或很少用的清潔用品。

快速清理你家裡的隱藏空間不會太費時。一旦你做了這件事，就可以馬上提供你所需要的空間，來把你的櫥櫃和儲藏空間打造得跟家裡其他地方一樣美。你還在等什麼？我的瓢蟲人朋友。現在就把書放下，開始丟一些東西吧！

The Ladybug

瓢蟲人證言

珍娜

Facebook 留言

我是瓢蟲人！現在一切都真相大白了。我對擁有一個乾淨的家很自豪，但我家毫無條理。我的地下室是垃圾堆，櫥櫃都是滿的，所以幾乎無法使用。我現在和妳一樣，慢慢開始。上星期我買了兩個籃子，一個裝未讀信件，一個放待繳帳單。概念就是這麼簡單，但我現在確實知道我的帳單在哪兒了！

“

瑪麗安

德州

我只是想讓妳知道妳規劃的測驗對我的幫助有多大。我和先生結婚近三年，一直對我們雜亂的家感到挫折。結果我是瓢蟲人，而他是蜜蜂人，我們兩個完全相反。我終於了解為什麼在面對該如何整理雜物的問題時，我們兩個都覺得對方很不用心。我們現在折衷採用一個比較注重視覺，收納上又沒那麼細瑣的系統，真的有用！

”

“

艾倫

紐約

在我知道自己的收納人格是哪一種之前，我每次開櫃子或抽屜都會有東西爆出來。我的文件一團亂，什麼東西都找不到，但我家看起來的確是乾淨的！所以我為我的手作工作室買了宜家家居的 KALLAX 二十五格層架組，還幫最底層的兩排買了十個收納籃。我超超超愛的！每樣東西都有自己的籃子，但完全沒有很細節的收納，就只是攝影類一個籃子、繪畫一個籃子、縫紉一個籃子……依此類推。我也開始在所有櫃子裡放置貼好標籤的整排籃子了，真的可以保持整齊！謝謝妳，昆蟲小姐！

”

Chapter 8

和瓢蟲人一起生活或工作

The Ladybug

提供其他人收納專用的雜物籃；
並確保抽屜、櫃子等收納空間中，
都有飄蟲人適用的開放式收納盒，
以免他們想藏東西而亂塞一通。

築瓢蟲人的巢★

居家是遠離外界塵囂與壓力的避難所。對大多數的瓢蟲人而言，裝飾和清掃家裡真的是一件樂事。瓢蟲人對裝飾巢穴感到很自豪，也非常喜歡，有幸和瓢蟲人一起生活的人，能夠享受典型乾淨清爽的家所帶來的好處。

瓢蟲人很努力維持家裡的整潔，所以他們也傾向對家人、室友和同事有較高的期望。當然，對於什麼叫整潔，每個人都有不同的感覺和標準，但**典型的瓢蟲人極度追求清爽的家具表面與乾淨的地板**。我常聽見瓢蟲人說：「我花這麼多時間打掃，可是家裡其他人從來不幫忙。」或是「家事都是我在做，這樣很不公平。」我以前也有這種感覺。

一個比較實際的看法是，身為瓢蟲人，一個一塵不染的家對我來說，就是比其他家人覺得的還要重要。不是他們不整理，只是他們對髒亂的忍受度比我要高得多。我得承認，甚至在東西還沒開始變髒之前，我的確就會想要清理了。我怎麼可能要求其他人也遵守我平常對「看不見的灰塵」的清潔準則呢？

當我終於不再把家事看成是我為家人、甚至是因為家人才做的事之後，我才不再心懷怨念。事實上，我是為了自己才打掃整理的。我做這件事，是因為有個整潔的家會讓我很快樂。

如果你和一個因為家人幫忙做的家事不夠，而滿心怨懟或沮喪的瓢蟲人住在一起的話，我建議你們**聊聊各自期望的乾淨程度**。就像每個人的整理方式不同，說到打掃家裡，每個人優先在意的點也不一樣。針對你期待對方怎麼做，來進行一次開誠布公的對話，是找出讓大家都滿意的折衷做法的最好方式。談談怎麼做會對你們各自有用，以及有什麼是你們想要改變的。你們可以列張清單寫出你們家最大的問題或是挑戰，然後一起腦力激盪，找出解決方法。

以我家來說，我放棄了全年無休的高標準整潔度，因為這完全不實際。我們一家五口住在家裡，所以流理檯常常有吃完東西的髒碗盤，玩具到處亂丟，也會有毛巾散落在浴室地上。我以前會覺得我好像整天都在整理——我很可能真的整天都在整理。持續不停地整理非常累人，而且也浪費我寶貴的時間。現在，我們每天在吃完晚餐之後，五個人都會一起花幾分鐘迅速收拾一下房子。因為我們家會在**晚上固定整理**，所以每天早上起床的時候，迎接我們的便是一個乾淨的家。我再也不會覺得自己像家裡的女傭，整天下來我的小孩也可以更自在、更放鬆，不用再忍受媽媽又因為他們的髒亂而崩潰。深呼吸吧，瓢蟲人，做個深呼吸。

大玩捉迷藏

每次我看到《六人行》中的莫妮卡對打掃房子的神經偏執時，都會把我逗得咯咯笑。我對她想要每個東西看起來都是完美的渴望，很能感同身受。

★巢：原文「Nest」，指靜養、休息或居住的地方。

羅蕾娜·寇普（Lorena Corp）／提供

我也完全懂她為何在大廳角落有個祕密的雜物囤積櫃。

就像大多數的瓢蟲人一樣，我對家裡看起來要很整齊這件事可能非常龜毛。諷刺的地方在於，我一點都不會因為櫃子、抽屜或儲藏室是個徹底的災難而困擾。當然這有部分是因為有朋友來的時候，他們確實看到我們是睡在乾淨的床上、用乾淨的餐具吃飯的，但也有部分是因為，我亟需這種程度的整潔外觀來讓內心保持平靜。

視覺上的雜亂，甚至只是在某個空間裡有不同的顏色和圖樣，都會讓我焦慮。我並不是唯一有這種反應的人。典型的瓢蟲人都會追求簡潔的視覺。**柔和的色調和對稱的構圖可以安撫我們混亂的靈魂**。我無法解釋，為什麼只要有一盞燈的位置偏左個七八公分就會讓瓢蟲人血壓上升，但廚房有個塞滿雜物而打不開的抽屜卻沒什麼大不了的。**這種潔癖狂和超邋遢的奇怪組合，可能會讓其他類型摸不著頭緒**，就像是正物質和反物質在空間中同時存在一樣，表面上看起來很不尋常。

我的先生說我是他認識過「最邋遢的潔癖人」。要是他把一疊還沒繳的帳單放在廚房櫃檯上，我可能很容易就會發飆；但我自己把還沒時間拿去倒的垃圾和回收塞滿整個車庫卻沒問題。瓢蟲人是個謎，如果你和他們一起生活或工作，就完全知道我在說什麼了。

我要我先生幫這一章想一些點子，因為他在過去的這十七年，都跟一個瓢蟲人生活在一起。他的回答呢？「不管是什麼鬼東西，你永遠都不會知道它們在哪兒，要習慣這一點，因為瓢蟲人會一直把它們藏起來。」唉，事情就是這樣，沒有人說過我們會藏得很整齊啊。

偶爾我還是會把他的東西藏起來，但我真的已經改很多了。至少現在我記得我藏在哪裡（通常啦）。

我們為自家想出來的、對瓢蟲人友善的解決方式之一，是**為每個家庭成員指定一個「無家可歸的雜物籃」**。當我先生或孩子們把他們的東西丟在外面，而我剛好在清理的時候，我只需要把東西放到那個人的籃子裡，讓他們之後再整理就好。

如果你身邊的瓢蟲人傾向把你的東西藏起來，我非常推薦在所有主要的生活區域，為每個家庭成員都放個籃子。家裡到處都有我先生的「無家可歸的雜物籃」，因為他會在好幾個地方堆東西。這減少了瓢蟲人（像我）因為正確的雜物籃距離不夠近或不在手邊，而把那些東西胡亂塞到奇怪地方的機會。這也可以讓那些被清潔強迫症影響的人，比較容易找到他們的東西。其實，如果瓢蟲人可以訓練家人使用自己的雜物籃，就能夠大致減少雜物量，也降低瓢蟲人的焦慮。

代代相傳的瓢蟲人

我在第二章談過，我對於了解造成不同收納人格的原因所遇上的困難。這是天生的還是養成的？我不認為這個問題有明確的答案，但無論原因是什麼，我知道我的瓢蟲人性格是我家女人一脈相承得來的。

我媽媽完全就是典型的瓢蟲人個性。她為自己擁有一個乾淨整潔的家而自豪，但等她需要找一枝筆的時候就好笑了。看著她在很多塞滿廢物的抽屜裡翻箱倒櫃，瘋狂亂畫來測試每枝筆，然

亞歷山卓・賽門（Alexandra Simon）／提供（www.minimalistmaestra.com）

後又把乾掉的筆丟回抽屜裡，真的是很值得一看的畫面。我也會固定在我家上演同一齣的原子筆試寫戲碼，而且沒錯，我也會把不能寫的筆丟回抽屜去，這樣我之後才能再繼續玩這個遊戲——有瓢蟲母必有瓢蟲女。

在成長的過程中，我們家總是完美無瑕，我媽非常用心地保持每個房間的乾淨清爽，但你已經知道了，**家裡沒有雜物不一定代表很整齊**。

我們老是找不到東西，重要的文件、鑰匙、錢包和衣服好像都是故意放錯地方一樣。這感覺和每年一次的聖誕節傳統差不多——我媽會特地去藏禮物，然後不小心發現她去年忘記藏在哪裡的禮物。

外婆也是瓢蟲人。家裡流傳著一個老掉牙的笑話，說要不是她的頭黏在脖子上

的話，她也會把頭搞丟。最近她向我坦承，她以前會把廚房的雜物藏在烤箱裡、然後很快忘記，直到隔一段時間要用到烤箱的時候才會發現。這麼多年來，我奶奶不知道熔化了多少東西，沒燒掉自己的房子真是個奇蹟。老實說：我也曾經把很多很多東西藏在烤箱裡，忘了它們的存在之後就熔掉了。喔，瓢蟲人真是夠了。

整理收納最令人驚奇的，就是不管幾歲都可以學！我媽和外婆都已經學到如何運用她們的瓢蟲人傾向，來為她們的物品打造便利的家。她們還是會「隨手把東西藏起來」，但現在她們在做這件事時，是真的經過組織與分類過的。對我們這個代代相傳的瓢蟲家庭來說，把東西熔掉和搞丟已經是過去式了；這都是因為我們終於了解自己天生的類型了。

成功的祕訣

瓢蟲人必須努力戒掉他們無時無刻都想把雜物藏起來的慾望。就像視覺派昆蟲如果看不見自己的東西就會焦慮一樣，瓢蟲人的物品若是散落在外，他們也會焦躁。有一個可以抵抗這種焦慮的極佳方式，就是鼓勵他們對其他人的雜物堆視而不見二十四小時，而不是馬上就試著要整理乾淨。一旦他們可以二十四小時不去碰它，再要求他們試試看四十八小時。每次瓢蟲人被強迫放鬆、忍住他們把東西藏起來的需求之後，對於東西放在外面的焦慮就會減緩。這種方式叫作「認知行為療法」，在對抗強迫症和焦慮上，已經被證實非常有效。

我絕對不是要你試著說服你的瓢蟲人，讓他們覺得家裡散亂著雜物也沒有關係。這永遠都不可能發生！這個練習是要讓瓢蟲人學會對其他人的物品多一點尊重，並且給他們合理的時間，讓他們可以自己整理乾淨。

如果你和瓢蟲人一起生活，你可能會因為他們無法使用複雜的系統而感到挫折。我先生總要我使用檔案櫃，但不管他試了多少次，我還是會繼續把付完的帳單隨便塞進一個抽屜。這不是因為我故意無視他的收納系統；我只是沒辦法固定分類歸檔而已，我的腦袋就不是那樣運作的。所以，我們改成在書房裡選用一個開放式的盒子，上面有「已繳帳單」的標籤。現在，我先生就知道每樣東西都在哪裡，沒有東西被亂放，而且我們只要在報稅季時整理那些文件就好了。這對我來說也有好處，因為我不再需要為了亂放的紙堆煩躁，也不會再因為無法使用他的系統而感到罪惡和慚愧了。

對蟋蟀人和蜜蜂人來說，他們可以直接打開抽屜或把東西放在層架上，不需要任何種類的收納用具就能保持條理。他們的大腦生來就會把物品仔細分類，所以可以直接記住洗髮精放在櫃子的最右上角，或是筆都放在左邊的第二個抽屜。但瓢蟲人的大腦完全無法這般運作。光是枝微末節以及記住東西要放的特定位置已經夠難了，還要停下來花心力把某個小東西「正確地」收進櫃子裡，根本就不可能發生。

這就是事先區隔分類可以派上用場的地方了。如果你已經有好幾個大致分類過的收納盒，瓢蟲人就不需要停下來想什麼東西應該放在哪兒，因為這已經顯而易見了。這些盒子也必須是開放式的，不要有蓋子，也沒有層層堆疊起來，這樣把東西收好才會快速又簡單。這種對快速、簡單方式的需求無關乎懶惰或比較不聰明；而是出自於比起小細節，他們更加專注在全貌上的傾向。

蟋蟀人和蜜蜂人是任務導向的，瓢蟲人和蝴蝶人則是時間導向。對蟋蟀人和蜜蜂人來說，最重要的是把事情做好，但瓢蟲人和蝴蝶人只想要快點做完。

就是因為這種想節省時間、快點做完、好繼續做下一件事、還有注重「全貌」的心理，所以簡略的分類系統才是正途。就像我之前說過的一樣，你可以幫你的瓢蟲人**在每個抽屜、櫃子和收**

納空間裡，都放上開放式的收納盒，這樣他們就可以不假思索地把東西丟進去。當然，還要確定這些收納盒上面都貼了標籤，這樣要長期維持這個系統應該就沒問題了。

　　另外一個幫助你的瓢蟲人踏上成功之路的訣竅，是**確保這些收納盒或是東西的「家」，要放在它們的使用地點附近**。如果和你一起住的人喜歡在客廳邊看電視邊做手帳拼貼，剪貼工具就要放在客廳，或至少在客廳附近。如果你（或讓你的瓢蟲人）把盒子放在走廊盡頭的櫃子裡，對瓢蟲腦來說就太遠了，他們不會在用完東西之後還想到要把它們放回去；你會在電視櫃的抽屜裡找到剪刀和膠水，還有色紙塞在邊桌的抽屜中。同樣的，如果帳單每天都被丟在廚房的櫃檯的話，放帳單的籃子最好也擺在廚房！這是一個簡單的概念，但就是很多家庭沒有實際執行。**藉由重新擺設物品的位置，在你家打造簡單、有條理的區域，這樣就能讓瓢蟲人不再把東西藏起來或亂塞，並且開始把它們收好。**

懶惰賴瑞的懶蟲故事

人們會因整理收納而困擾的地方不是只有家裡；讓你的工作空間能夠有效率地運作，也一樣很有挑戰性。我第一次規劃辦公空間的客戶剛好是蟋蟀人，這次的經驗讓我完全脫離了我的舒適圈。我的蟋蟀客戶（就叫她凱莉吧）做的是快節奏的紡織品生意，所以她需要一個能夠跟得上她辦公室繁忙步調、具有效率的整理收納系統。她委託我為所有的文件、辦公室文具和幾百種樣品打造一個詳細的歸檔系統。為一個辦公室設置注重分類細節的收納系統，是個很緊繃的龐大任務，也和我簡略的收納風格完全相反。這次的經驗讓我極度不願意再試一次。

然而，如果剛好有整理工作空間的機會的話，為了增加寶貴的經驗以及拓展業務的必要性，我至少會答應先和潛在客戶碰個面。我也會在走進去的同時用力祈禱，希望他們不要剛好也是蟋蟀人。

這次的客戶賴瑞，在一間會計師事務所工作，有各形各色的同事和許多客戶。當我第一次走進他的個人辦公室時，辦公室窗明几淨，擺了一大張木質書桌，一面都是檔案櫃的牆，還有兩張給客戶坐的舒適皮椅。證書和這個城市的黑白照片整齊地掛在辦公室牆上。他的桌上一點雜物都沒有，上面只放了他的筆記型電腦，和一張親愛家人的照片。我很疑惑他幹嘛還要打電話給我。

我們聊到他的三個兒子，以及他們都很愛釣魚。賴瑞剛買了他的第一艘船，滔滔不絕地談著他將來要和家人一起去釣魚的旅行計畫。在他告訴我很多他們去露營的故事，以及他有多愛自願當兒子們的童軍領隊的時候，臉上散發著光芒。賴瑞的家庭生活顯然非常充實、快樂。我問到他的工作時，他也笑得很燦爛：「我愛我的工作。」他興奮地說，我看得出來他是說真的。「工時是很長沒錯，但我希望很快就能當上合夥人。」賴瑞的積極很具感染力。

只是，在我問到他為什麼找我的時候，他的笑容變得稍微黯淡了一點。

「我的老闆鼓勵我聘請一位專業整理師，」他坦承地說，顯然覺得很難為情：「我的助理也對我灰心，大家都知道我偶爾會把客戶的檔案亂放。」

「告訴我問題在哪裡，我可以幫你解決。」我真的很好奇這種乾淨整齊的空間，到底會有什麼問題？賴瑞把他的筆電打開，轉過來讓我看螢幕——他的桌面完全被一堆亂七八糟的檔案淹沒。我敢說我的桌面已經塞滿了圖示，但賴瑞的完全是不同等級的災難，相較之下，我的看起來根本是小兒科。

「好。」我說：「我們得設計出電腦檔案的整理方式，沒問題。還有其他的嗎？」賴瑞怯懦地點點頭，帶我去看那整排的檔案櫃。當他拉開檔案櫃的抽屜時，他的辦公室所隱藏的祕密真相大白了。抽屜裡面有幾十份檔案隨便堆著，但抽屜的深處掛著很多資料夾，每一個上面都仔細地貼了標籤，但全部都是閒置的——我正式宣布，賴瑞是瓢蟲人。

事情是這樣的，我對會計一竅不通，甚至不知道會計師事務所該如何歸檔文件；我不知道哪些重要文件必須留存，當然也不會知道這工作日常的運作是怎麼回事。**但我確實了解瓢蟲人的整理方式，更知道檔案櫃根本行不通。**

當賴瑞打開更多塞滿文件的抽屜時，我問他：「你會把所有客戶的檔案都收在辦公室嗎？」他回答：「沒有，我只會留著那些目前在進行的案子，就是我現在在做的那些。一旦我把所有資料都更新了，紙本就會送回我們的中央檔案櫃歸檔。這件事是我的助理在做。」

我注意到賴瑞的每個抽屜裡都有幾十份檔案。「你現在正在做的客戶一定很多。」

賴瑞的雙頰發紅。「那些也不全都是目前進行中的，」他說：「第一個櫃子放的是進行中的案子，這個櫃子是我還沒輸入到電腦的文件；那個櫃子放已經結案的，等著送回中央檔案櫃的檔案。」他看起來很不好意思。「我得幫它們分類，只是我還沒空出時間。」我看得出來他的辦公室真的帶給他很大的困擾。「我這週要參加研討會，也許可以等我回來，我們再開始，先和我的助理艾希莉確認一下行程吧。」

艾希莉拿出賴瑞接下來的行程表，顯然他幾乎沒有時間可以用來重新整理他的辦公室。他在研討會後接著滿滿的會議，而且事務所馬上就要進入年度旺季了。就在賴瑞和艾希莉討論要怎麼挪動會議、調整行程時，我插嘴問了一個問題：「艾希莉可以幫我整理嗎？她知不知道哪些客戶是進行中的、哪些不是？」

賴瑞看著艾希莉，她鬆了一口氣。「我很樂意幫忙，」她迅速地答應。顯然，自己老闆的雜亂無章，是她真的很想克服的事。

「嗯，我想應該可以，」賴瑞緊張地說：「她比我有條理多了，這是確定的。我知道自己的懶惰已經快把她逼瘋了，甚至還讓她更難工作。」果然出現了——我們很多人都會拿來描述自己，一個很不恰當的詞：懶惰。

賴瑞每天工作十到十二個小時，晚上和週末甚至還得抽時間出來參加童軍活動，他絕對不是懶惰。就因為他無法使用某種（為蟋蟀人設計的）收納系統，竟然讓他覺得自己就是那樣的人，這多糟糕啊？**這就是我期待我的工作能達成的部分：幫助客戶了解他們唯一的問題，就是出自他們所使用的系統，並不是為了他們天生的收納人格而設計的。**

在賴瑞參加研討會時，我和艾希莉花了一天重新整理他的辦公室。我們把檔案櫃撤掉，用質感與辦公桌的木頭材質相同的櫃子取代，來維持這個空間中的視覺簡潔。我們在櫃子裡的層架上排滿空籃子，貼上像是「進行中的客戶檔案」、「待輸入」、「即將舉行的會議」這些標籤，以及其他很多由艾希莉建議的分類。

我們在一個標示為「待歸檔」的櫃子裡放了幾個籃子，讓賴瑞在工作完成之後把檔案放進去，這樣艾希莉就可以在每天下班前將它們歸位。要是有安排開會的話，艾希莉就會調出主要客戶的檔案，幫賴瑞放在「即將舉行的會議」一籃中，而不是放在他的桌上。如果賴瑞的辦公桌保持清爽，沒有堆積文件的話，他每天在「整理」桌子時，就不覺得有必要把這些文件全部亂塞並隱藏起來。

艾希莉是個徹底的蟋蟀人，她永遠都不會理解自己為老闆打造的歸檔系統，對老闆來說是多大的挑戰。一旦她了解到精細的收納系統就是不適合老闆的思維之後，她完全可以接受另外再為他設置一個簡略的系統。她甚至還提議，等賴瑞出差回來可以幫他整理電腦，將檔案分成大類別的資料夾。

當賴瑞開完研討會回來之後，他親自打電話給我，為他由瓢蟲人認證過的實用辦公室向我道謝。在他大讚那套完全為他的思維方式所量身訂作的系統時，我從電話裡都感受得到他散發出來的正能量。我知道這個系統不只能讓他長期維持整齊，也能夠幫助他克服因為毫無秩序所引發的罪惡感和羞愧感。

別再把瓢蟲人塞進密封盒了

讓我們來談談更多和瓢蟲人一起生活或工作的策略。記得協調不同類型的黃金法則嗎？**如果有一種以上的收納人格共享同一個空間，應該要最先採用重視視覺呈現和簡易收納的方法。**

這表示瓢蟲人必須願意放棄把所有東西都藏起來的需求，並試著接受看得見的整理收納系統，例如布告欄、開放式層架和掛鉤，而不是繼續用櫃子中的衣架。這個法則也代表著**其他人必須願意調整成比較不注重細節、更加簡略的整理方式，這樣它們對瓢蟲人來說，才能派上用場。**

每一段關係都是這樣，關鍵在於折衷。我的先生也許會爭論說，他身為蟋蟀人，和我這個瓢蟲人比起來，他妥協的地方比較多；然而事實上，為了要讓我們倆的不同類型在同一個屋簷下正

常運作，我們都已經非常努力了。我們家每個房間都有「無家可歸雜物籃」來收他的雜物，所以我再也不會把他的東西隨便塞進抽屜或櫃子裡了。家裡的每個地方都經過大概的分類，並貼上標籤，我也不會再弄丟東西，或忘記要把它們放在哪裡。我也能夠尊重他的個人空間，不再幫他「整理」他的工作檯或他的文件，儘管它們處於混亂狀態的時間可能比我願意忍受的還要久。

我的小孩中有兩個是蝴蝶人，一個則是蜜蜂人。我也學會了尊重他們在整理上的差異，並一起設計和整理他們的房間，來反映他們獨特的整理風格。我女兒把每一件組起來的樂高成品都招搖地展示在一個層架上，另一個層架上則放了她所有的芭比娃娃；我看到時，眼睛總會抽筋一下。但身為蜜蜂人的她需要的是視覺上的豐富度，來讓自己感覺到放鬆與快樂，而這正是她的房間能給她的。我的蝴蝶寶貝們也需要豐富的視覺，再加上快速簡單的整理收納系統，像是大量的鉤子和貼上標籤的大籃子，讓他們可以把東西直接丟進去。

在了解我的瓢蟲腦之後，我的家庭和生活徹底改變了。若一個瓢蟲人停止把自己塞進蟋蟀的盒子裡，並且接受自己真正的整理風格的話，便可以擁有夢寐以求的家，不但功能性強，又不需要花太多精力維持。

所以，你還在等什麼？快點去百元商店買些收納盒，開始簡略地規劃你通往清爽快樂的住家之路吧。

AR MATH.

Chapter 9

蟋蟀型人格

The Cricket

蟋蟀人非常注重細節導向，
追求功能性和條理分明。
他們喜歡視覺極度簡潔的整齊空間。

追求簡潔的視覺和詳盡的收納

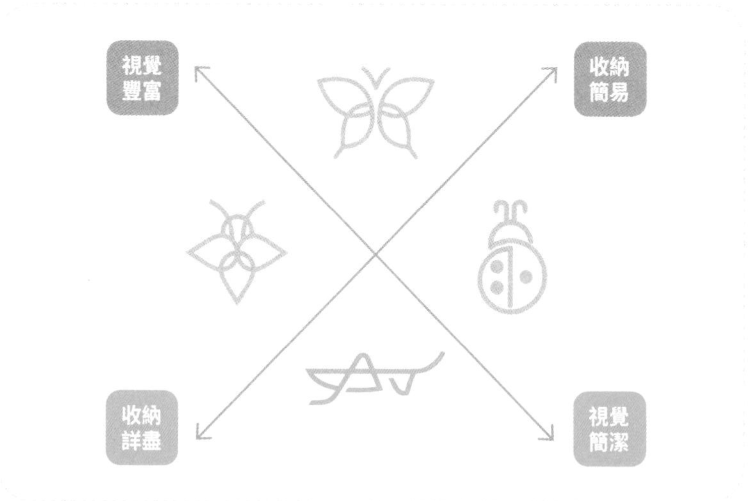

妮奇・鮑伊德（Nikki Boyd）／提供（www.athomewithnikki.com）

蟋蟀型思維

蟋蟀人是典型的傳統收納者。**他們的腦袋將事物分類的方式就是傳統收納的縮影，絕大多數的收納系統和工具都是為這個類型設計的**。如果你是蟋蟀人的話，你真幸運！

老實說，我還滿嫉妒蟋蟀人在整理收納上的天分。我長久以來在整理上慘敗的原因，就是我沒辦法維持精細又繁複的蟋蟀系統。這可能也是為何大部分的專業整理師都是蟋蟀人的原因。條理分明對他們來說就是天性。他們的腦子在自己沒有意識到的情況下，本來就會幫事物做詳細的分類。

蟋蟀人追求的是簡潔的視覺，這代表在住家和工作的地方，他們都**比較喜歡柔和色調和清爽的空間**。

這是傳統收納術的另一個重要部分，大部分的收納系統，都是設計來把東西分類好，然後收在盒子、資料夾或櫃子門後等看不見的地方。最近的極簡運動對許多蟋蟀人來說，真的很有吸引力，因為那非常貼近他們天生具有的整理傾向。事實上，很多極簡主義者都是蟋蟀人。

蟋蟀人最明確的特徵就是完美主義。他們非常想要以「正確」的方式做事，可能也會是人們所謂的「A型性格」。

擅長邏輯、分析、負責、又有條理——這些都是蟋蟀人的正字標記。一個注重細節且功能強大的系統，可以減輕他們對遺失東西的焦慮，也可以確保他們總是知道每一樣物品放在哪裡。**他**

妮奇・鮑伊德／提供（www.athomewithnikki.com）

們和蜜蜂人一樣有完美主義的特徵，但蜜蜂人追求的是豐富的視覺，蟋蟀人則需要他們的環境看起來很清爽。

大部分的居家空間都是以蟋蟀人的整理收納風格來設計的。很煩的是，從廚房到房間的收納，通常都是為他們所打造——碗盤本來就應該收在櫥櫃裡面，衣服要分類好放進抽屜和衣櫃裡。幾乎每個住家在看不見的門後都有儲藏空間，還試圖**在這些隱藏空間置入仔細分類過的收納系統**。我們幫自己的銀製餐具分類、為自己的文件歸檔，甚至連規劃自己的時間與行程，用的都是原先就設計好、隱藏式、且注重細節的系統。

普遍而言，在這個世界中的我們，每天行動的基準可以說是專門為你而設計的，我的蟋蟀朋友！不幸的是，你雖然可以輕鬆地維持秩序，但並不代表你一定會有個整齊清爽的家。

請記住，每個人都不同。有些蟋蟀人的家一絲不苟，從來沒有因為雜物困擾過；但也有一些蟋蟀人還沒學會如何集中他們的整理超能力，仍然很難開始。

如果你是蟋蟀人，正在找收納的靈感，不要錯過我的好友妮奇・鮑伊德（Nikki Boyd）的網站「和妮奇一起在家」（At Home With Nikki）。妮奇是一位專業整理師，有自己的 YouTube 頻道和部落格，也是我所認識最有影響力、最能啟發靈感的蟋蟀人了！本章使用的許多美照，都是來自妮奇整齊美麗的家。你可以造訪妮奇的網站，參考更多她現在正在使用的蟋蟀人收納術。

At Home
With Nikki

對「正確方式」的過度渴求

有時候，蟋蟀人對完美的本能需求，會凌駕在他們對簡潔視覺的需求之上。這代表雖然蟋蟀人比較喜歡把全部的東西收起來，但在他們有機會把東西「收好」之前，反而會更常堆積物品。對蟋蟀人來說，他們手邊不會總有時間或完美的解決方式，所以在等待整理的好時機時，堆積的雜物很容易就會成長蔓延。**完美主義會導致拖延**，就像蜜蜂人一樣。

所以沒錯，蟋蟀人是典型的堆積者。他們會因為試圖要設置完美的系統，或是找時間把東西收回他們現有的系統中，而先將物品分類仔細又層次分明，然後繼續堆著。因此，**當他們對完美的需求超出讓所有東西眼不見為淨的需求時，這些雜物堆還是會引發他們的焦慮與不自在。**

而只要遇上蟋蟀人正在進行的計畫，他們也可能會違反自己天生的收納人格。許多蟋蟀人喜歡讓他們目前進行中的待辦清單、工具和材料，都擺在看得到的地方，直到完成為止。在這種情況中也是一樣，他們對以「正確的方式」做事的渴求，超越了對簡潔視覺的需要。

蟋蟀人也非常容易被淹沒在日常生活的小細節中。過度思考和過度計畫是蟋蟀人普遍需要克服的困境。「我要從哪裡開始？」「怎樣做才是正確的？」或是「最好的方式是什麼？」是蟋蟀人每天都要問自己的問題。對蟋蟀人而言，害怕失敗是很大的絆腳石，這種恐懼會導致我所謂的**被完美癱瘓**。與其犯錯，蟋蟀人寧願選擇不要下任何決定或是採取任何行動。

要預防蟋蟀人被完美癱瘓是有可能的。我接下來要說的小故事，會告訴你怎麼做。

蟋蟀人克莉絲汀娜

在這裡，我得先忍住不把我老公推上火線（留到下一章再來）。這裡要來聊聊我初期遇到的一位客戶，就叫她克莉絲汀娜吧。克莉絲汀娜是一名退休小學老師，現在每週有幾個晚上都在自家幫學生上家教課。她熱愛自己的工作，不過她的夢想是創業，為注意力不足過動症的兒童和成人患者，進行一對一的輔導。為了她將來的學生和事業，她委託我，幫她將閒置的臥室改裝成一間多功能的辦公室和教室。

克莉絲汀娜和她先生加上一隻可愛的可卡犬泰莎，住在一棟美麗的兩層樓住家，空間寬敞而且一塵不染、井然有序——但只有一樓是這樣，二樓就完全不是這麼回事。在我們走上樓梯，繞著走廊逛了一圈之後，他們整理的問題在哪兒，就顯而易見了。雖然克莉絲汀娜和她先生沒有自己的小孩，卻到處堆著童書。走廊排滿了整齊歸類的書堆，有各種尺寸、形狀和顏色。當她打開閒置臥室的房門時，迎接我的是五顏六色、堆到半身高的「東西」——我實在無法用其他詞來描述。看起來就像是足以供應整間學校用的教材，被直接丟在地板上一樣，甚至還找不到路可以走到房間的另一邊！老實說，我覺得膝蓋有點軟。

經歷二十年的教職之後，克莉絲汀娜收集了大量的教材。她是我第一個老師客戶，但我告訴你，我發誓她也會是我最後一個老師客戶。別誤會，我很喜歡老師，而且我認為他們的專業被過度低估，受到的對待也與付出不成正比；但老天啊，她的雜物未免也太多了吧！我在問她到底有多少東西時，克莉絲汀娜解釋說，因為老師必須為他們的班級提供所有的教材，而且若他們換教其他年級，也得負責為新班級訂購全部的新教材。教書教了二十年、從幼稚園到八年級的每個年級都教過之後，嗯……她的房間裡面真的堆滿了夠八個班級使用的教科書。

我們來談談，我剛入整理師這行時所犯下的諸多失誤之一，即是**我按件計酬，而非以時薪報價**。以克莉絲汀娜來說，我估計清理掉她辦公室的雜物、再重新整理收納，會用掉我們整整兩天，所以我就報給她一個價格。沒錯，我告訴她要徹底整理好她的新辦公室兼教室，只要四百美元（材料費另計）。她當然馬上就答應了！合約簽好之後，我在隔天回來，開始動手改造她的辦公室。

兩個月後，我每個禮拜還是要抽幾天到克莉絲汀娜家，而且我們根本離完成還有很長一段路要走。沒錯，我還是遵守四百美元的報價，而且我超後悔。

我沒告訴你們的是，克莉絲汀娜是個蟋蟀人。不過，她可不是什麼隨便的一般蟋蟀，她是個加強版的完美主義者，對於整理的「正確方式」有強烈的主見。每一樣東西都必須分門別類，用最層次分明、注重細節的方式來收納。我光和她待在同一個房間裡就覺得頭很痛。對於每個決定，她不只會不停掙扎和事後批評，而且她對她自己、她的空間，以及整理收納這整件事的期望，根本就不切實際。

克莉絲汀娜對完美的渴望，讓她的空間雜亂無章。這是過去超過五年來，她為了辦公室無法使用而傷透腦筋的唯一原因，也是阻止她事業成長的最大障礙。那就是完美主義的黑暗面，很容易變成磨耗身心的猶豫不決、拖延症，也會習慣性想太多。很多人低估了它的影響力，或甘願順勢埋頭苦幹，卻不了解它如何摧殘一個本來開朗又有條理的人，讓他動彈不得。

以下是我們在挖掘她堆到腰那麼高的東西時的典型對話：

我：「我找到一盒單字卡，我們拿個盒子來專門裝單字卡吧。」

克莉絲汀娜：「那些是常見詞單字卡，要和其他常見詞的教材放在一起，不能只歸成單字卡。」

我幫一個盒子貼上「常見詞」的標籤，把那盒單字卡丟進去。然後我看到一本全部內容都是常見詞的練習簿，就也將它放進常見詞的盒子裡。克莉絲汀娜在這時阻止了我。

克莉絲汀娜：「那本練習簿不能和那些單字卡放在一起；那是高年級用的。」

我們一開始整理克莉絲汀娜的空間時，我建議按照年級分類，這樣所有幼稚園的東西都能放在一起，一年級的也是，以此類推。她告訴我這樣行不通，因為很多教材都可以用在跨好幾個年級和學習程度上。她也解釋說她的家教學生在不同學科的學習程度不一樣，所以把東西按照年級分類不是個有效率的系統。

我提出依照學科或教學方式分類，例如數學這個科目就全部放在一起，或所有練習簿都放在一起。克莉絲汀娜認為這些分類方式太「廣泛」了。她的蟋蟀腦追求的是注重分類細節且層次分明的系統。

我：「好吧，克莉絲汀娜，我們應該把這個年級用的常用詞練習簿放在哪兒？」

她也不知道，所以我們又建立了一疊新的分類。

兩個禮拜後，每樣東西搞得到處都是。基本上，我們只是把這團混亂從她的辦公室擴散到整個家裡，變成幾百堆──我是說真的，是幾百堆──精挑細選分類過的小堆。

光是教小孩數數的各種教具就超過十幾堆──就是所謂的動手算數學，相信我，克莉絲汀娜擁有的數量足以供一整座學校使用。她有幾十堆練習簿，但不只是依照類型分類而已，她還把它們依照學科和年級分類之後，再用練習簿的出版品牌細分。克莉絲汀娜把讀本依照字母排序，甚至連不同母音也有不同的分類，要看它是長母音還是短母音而定。

這已經超出我的能力範圍了。我對教學一竅不通，所以才讓克莉絲汀娜要仔細分類每一樣東西的決心，把我措手不及地逼到很糟糕的處境。

這就是仔細分類的問題：你不能先做這件事。它必須是整個整理過程的最後一步，不然你的結局就會像克莉絲汀娜和我一樣──花了兩個月、無數個小時投入一項工作，結果只有更大的爛攤子要處理。

我們有超級多堆東西，天啊，真是超級多堆。她全家上下有幾百張貼在教材堆上的便利貼。

整個過程簡直慘不忍睹。

我們把樓上的空間用光了，所以這些分好類的教材堆擴散到一樓的客廳、餐廳，甚至是廚房。我在打這句話時，臉紅到發燙。我覺得好丟臉，居然讓這種事情發生，這種困窘的感覺，還是像多年前剛發生時一樣有臨場感。

在我們從她最大的那堆教材拿出東西時，得先停下來，整理一下它們該分到哪個類別裡；類別決定了之後，還得回憶那一疊類別的教材放在她家的哪個地方。記住，我們要記錄的有幾百個小堆。真的是瘋了，我告訴你。

結果在漫長的兩個月後（記好了，我跟她收的費用只有兩天的工錢），整個房間都空了。那現在要怎麼辦？我們要把這些不計其數的小堆放在哪兒？她的辦公室有很多不錯的書架，甚至還有一個空衣櫃可以用，但要放克莉絲汀娜所有的東西根本就不夠。光是類別的數量，就龐大到不可能讓每個分類都找到地方放了。而且就算真的有空間，她怎麼可能記住每一樣東西放在哪裡？如果她需要一本三年級學生用的閱讀練習簿，要怎麼在超過二十五堆、各式各樣的練習簿中，迅速地找到那一本？我寫這段時，是真的在搖頭，因為我不敢相信自己會允許這種分類超載的惡夢發生。

你看，克莉絲汀娜真的是很有條有理的人。事實上，她太過有條有理了。她一絲不苟地詳細分類每一樣東西，如此荒謬的工作量不只浪費時間和空間，而且她所留下的系統，以任何實際的判斷來說，其實根本無法運作。

我們都掉進了那個壓垮許多蟋蟀人的陷阱：分類的循環。蟋蟀人會花費無止盡的時間把一大堆雜物細分成小類別，結果只換來更多、更小堆的雜物而已。為分類得很詳細、層次分明的東西找到實用的收納地點非常棘手，所以過一段時間後，它們常常又會混在一起。即使蟋蟀人真的幫每一個小類別都找到地方放了，要記得每一樣東西放在哪裡通常非常困難。只要忘記東西放在哪兒，馬上就會變得亂七八糟，然後很快又回到了重新開始分類的循環，屢試不爽。

那是我身為專業整理師的職涯中「載浮載沉」的關卡，克莉絲汀娜所想要的一切並不實際。我必須挺身而出主導整個情況，否則只能在她家分類分到地老天荒。

該是時候檢視她的空間，而不是只看她的東西了。我帶克莉絲汀娜到她空蕩蕩的辦公室裡，問了她一個簡單的問題：**「有什麼東西是需要放在這裡面的？不是妳想要的，而是必須放在這個空間裡的東西。」**她列了一張她需要的基本辦公用品清單，然後我們把每一樣東西都拿進辦公室，在層架上找到固定的地方放。

現在，我們就可以明確看出還剩多少空間可以使用。要把她所有的教材都放進來根本就不可能，所以我提出另一個建議。

「如果我們把全部教材都收到地下室的層架上呢？在妳有家教學生時，妳可以針對他們的學習程度，特別設計一個籃子，這樣妳就只需要把每個學生的籃子收在辦公室裡，不用放進全部的教材。」感謝老天，克莉絲汀娜覺得這個點子很棒。

我們買了工業用層架，然後把她的教材堆大致分類，再把它們放進大手提袋裡——沒錯，我

們不為每個小分類準備一個小盒子，而是為每個大分類準備一個大手提袋。這堆手提袋分成了數學、常用詞、美勞用品、練習簿、語音學、學習識字……以及其他各式各樣的大類。在每個大袋子裡面，才進一步把教材再分成小類裝起來，方便取用。

在整理克莉絲汀娜辦公室的過程裡，我們把能做的都做了。但最後，我們設置的是我在這項任務開始的第一天就想做的簡略分類系統，而且其實只要花幾個小時就能完成了。

老實說，細到這種程度的分類以及堆積，簡直是糟蹋這兩個月的時間，但我不會想把時光倒回，做什麼改變。克莉絲汀娜學到簡單分類的重要性，還有更重要的是，了解放寬她的期望所帶來的益處。我也從那次的經驗學到很多。我學會如何幫助蟋蟀人克服他們的完美主義，讓他們終於能夠好好整理並且維持下去。

蟋蟀人天生就會想要把分類分得很細，但結果總是變成太多小雜物堆，也沒有合適的地方把它們全部收起來。若是從簡略的分類方式開始的話，要完成初步的分類就快得多了。接著，你就可以在這些大類裡面，仔細分類到你高興為止。我從這次經驗學到的教訓，讓我在面對其他客戶的時候，節省了時間，也避免心痛，希望這也可以讓你省時省力。

克莉絲汀娜的辦公室最後變成一個實用又令人放鬆的空間，還有餘裕讓她的家教輔導事業繼續成長。她的櫃子裡有為每個家教學生量身訂作的籃子，還有幾個空籃子準備留給新的學生。她擁有一個藏書室、她自己和學生可以使用的工作空間，還有層架供她放置日常使用的必需品。她的空間通風、整齊，而且窗明几淨。

把她的教材搬到地下室，實際上比整理收納這件事本身的影響要大得多。這創造了很多可用的開放空間，讓她得以擁有一個夢寐以求的整齊教室兼辦公室。她的地下室，也是為每個學生設計因材施教的課程的完美地點。她只需要打開那些貼上標籤的大手提袋，拿出她需要的教材，再輕鬆地把東西放回去就好。

克莉絲汀娜對結果非常興奮，而我很幸運地從這次的經驗中學到很多。我看見完美主義者會經歷的掙扎，這使我能夠深刻理解其他蟋蟀人，也給了我幫助他們的工具，來克服他們的整理挑戰。學會先簡略整理的重要性，永遠是打破分類循環的關鍵。

蟋蟀型剖析

不確定你是不是蟋蟀人嗎？

下列是蟋蟀型最常見的人格特質：

- 在「完美」的收納系統就定位之前，蟋蟀人通常會先把他們的物品「堆積」起來。
- 蟋蟀人通常有所謂的「A型人格」。
- 蟋蟀人非常有條有理，並且注重細節。
- 蟋蟀人的座右銘是：「沒做好不如完全別做。」
- 大部分的蟋蟀人都會因為拖延症而困擾。
- 害怕失敗、犯錯和被說「無能」，是妨礙蟋蟀人實現夢想的障礙。
- 蟋蟀人通常很有邏輯，而且標準很高。
- 對於他們的工作空間和住家，蟋蟀人偏好的是最低限度的視覺刺激，喜歡清爽和中性設計的空間。
- 「完美主義者」的標籤，是大部分蟋蟀人都能感同身受的體會。

蟋蟀人的優點

我這麼說，或許讓人覺得蟋蟀人的完美主義不是什麼好事，但其實這是一種人人稱羨的超能力。只是要確定你把超能力用在對的地方，而不是用錯方向。你內在的完美主義會從旁激勵你，為你喝采打氣。它是為你的成功提供動力的燃料，而且老實說，我真希望我也有一點那種完美主義的精神。**你很勤奮、有條理、聰明，標準又高，你對細節的留意更是非常驚人**，而且當你把心思專注在某件事上時，大部分你嘗試的事情都可以輕鬆達成。

但當你的內在對話從「你沒問題的，你什麼都辦得到」轉變成「這樣不對，還不夠好」時，問題就會出現。要抵抗你消極的自言自語的話，請專注在現有的事實上。用以下這些問題，讓你的邏輯腦比你的完美主義更勝一籌：「什麼是可行的？我正在做的事情目標是什麼？我有和目標保持一致嗎？犯個小錯會不會改變結果？」

一旦你學會克服猶豫，還有隨之而來的消極自說自話，完美主義就會成為你的力量。

妮奇・鮑伊德／提供（www.athomewithnikki.com）

有很多蟋蟀人問我為什麼選這種昆蟲來代表他們的整理類型。的確，蟋蟀長得沒有瓢蟲、蝴蝶（甚至是蜜蜂）那麼漂亮，但蟋蟀是一種獻身於絕對完美的昆蟲。

我小學六年級時，學校有個作業要做昆蟲研究。幾乎所有的「好蟲」都已經被同學挑走，所以我只好拿蟋蟀來作我的研究主題。我到現在都還記得我在超棒的牠們身上所學到的事，這就是為什麼我會選擇蟋蟀來代表這種收納人格。

蟋蟀是夜行性動物，即使是在晚上，牠們也比較喜歡保持隱蔽，讓別人看不到。這種昆蟲最迷人的地方當然是——牠們的歌聲。公蟋蟀藉由摩擦自己的翅膀發出唧唧聲，聽起來還滿簡單平淡的，但你知道從數學上來看，牠們歌聲的節奏是完美的嗎？牠們的韻律穩定地按照節拍進行，只有在氣溫變化時才會改變；天冷拍子就變慢，天熱就變快。幫你自己一個忙，上網搜尋「蟋蟀唱歌 節奏變慢」（cricket song slowed down），相信我，你不會失望的。

如何善用你的能力

至於在整理收納時，只要你已經有個穩定的系統，要維持下去就不會有問題。一個兼具功能與效率的住家可以節省時間和精力，並且大幅減輕你對視線範圍內的堆積雜物所造成的焦慮。對蟋蟀人來說，最重要的是打造一個功能強大的系統，並且擬定簡單又有條理的每日行動計畫。擁有一個整齊的家不只可以戲劇化地改善你的生產力，好好安排時間，甚至會為你的生活帶來更深遠的影響。

你和蜜蜂人一樣，「計畫」，是讓你容易過度思考的腦袋得以專注並簡化的關鍵。花幾分鐘寫下你今年、本月、本週和本日的目標，可以大大地幫助你為自己的生活打造一個行動計畫。**不過重點是：先把你的想法簡略分類，就像你需要先簡略地把家裡的東西分類一樣。**先為你清單上的事項分出大類，例如今年的目標是「創業」，接著再把這個目標細分成每月、每週和每日計畫，讓類別逐次縮小。

過度計畫和過度思考的確是蟋蟀人的問題，所以記得讓你的計畫保有彈性，容許存在改變的空間，以及一路上無可避免的障礙。即使是規劃得最完美的計畫，也絕不會照著我們想的那樣進行，所以如果你試著連每個小細節都要計畫，就是在浪費你完美腦力的時間和精力而已。

雖然我們都希望自己的目標會一秒成真，但生命中最美好的事物，是需要時間、犯錯和堅持下去的毅力才能達成。當你看見未完成的計畫或是犯下的錯誤時，與其去評斷自己為什麼會達不

溫蒂・劉（Wendy Lau）／提供（@thekwendyhome）

到標準，你更應該提醒自己，這是過程中的功課，也是要達成你的終極目標的必經之路。**不要把當下的混亂和失敗混為一談，那只是通往成功的路程中的一部分而已。**

我也建議你要對自己研究每一件事的傾向有所察覺。**蟋蟀人在採取任何行動之前，喜歡有萬全的準備，但有時候這種對於獲取資訊的關注，可能會讓你們離實際行動愈來愈遠。**這種過度計畫和過度研究的傾向，是你的大腦因為害怕失敗，而拖延進度的方式。如果你花在研究和計畫某件事上的時間，比實際完成的時間還要長的話，就是你想太多了。**要學習任何事情，最好的方式就是動手做；來自你自己失敗的教訓，才是你能夠學到的最有價值的一課。**

一旦你找到投身其中的勇氣，對你的生活採取行動之後，就可以用你的完美主義來實現神奇的事，促使你達成你最狂的夢想。

我能給蟋蟀人最中肯的建議是什麼呢？練習稍微放手吧。從為你的東西大致分類整理開始，來接受「夠用就好的收納」。下面有個例子：我先生希望把他所有的財務相關文件都收在一個歸檔系統裡。他認為他需要一個歸檔系統來整理他的投資，每一年和每一個項目都要有自己的資料夾。他也希望每間銀行帳戶和每一份小孩的教育基金，都用不同的資料夾。但於此同時，所有文件都已經堆積在他桌上好幾個月了。以目前來說，先弄個「投資」檔案，然後把全部的東西都整理在一起，會是一個好解方。他可以在之後的任何一天再來「細分」這個資料夾，至少現在每樣東西都很整齊、好找，也不再占用他寶貴的工作空間。

動手吧！蟋蟀人

以下是一些蟋蟀人會覺得好用的收納術：

- 文件是你的天敵！打造一個**「夠用就好」的文件收納系統**，先解決紙張堆積的問題再說。
- **買台碎紙機**，而且要很常用！
- 用個籃子或風琴夾當作你每月帳單和月結單的**「短期」歸檔系統**。稅季期間就從這些文件裡面選出需要的，並且把不再需要的文件碎掉。
- 用文件箱或檔案櫃作為**「長期」系統**，來放你須留存一年以上的合約和文件（如稅務文件）。
- 一開始先**為每一個資料夾貼上大分類的標籤**（財務、公用事業、保險、汽車、學校等等），等你之後有更多時間再來打造一個詳盡分類的歸檔系統。
- 注意你家或辦公室中的其他成員，**確保你的系統簡單到大家都可以使用**。
- 整理時，**設好計時器**，這樣可以激勵你加快動作並保持專注。
- 使用可堆疊且內部還有小型收納盒的**不透明收納容器**。如果你用的是盒子和籃子，為了其他可能也會用到你的系統的人著想，請記得——貼標籤、貼標籤、貼標籤。
- 在你的書桌或廚房櫃檯**放置開放式的籃子或盒子**，在你有時間處理你的雜物之前，就先把它們放在裡面。這可以當成一個視覺上的小提醒，告訴你雜物堆太多，籃子已經快滿出來，該是整理的時候了。

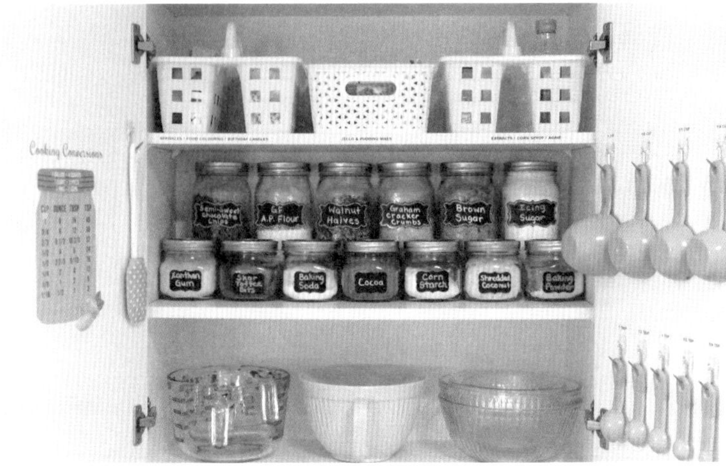

艾咪・詹姆斯（Amy James）／提供（@OrganizedMomLife）

- 用你的手機或電腦，做一張會自動提醒你每天要完成什麼任務的**待辦事項清單**。
- 在開始做事時，**把會讓人分心的東西關掉**，例如手機、電子郵件和電視。
- **標籤是你最好的朋友**。幫收納盒、資料夾和幾乎每樣東西都貼上標籤，來確保你（以及你的家人）會把物品好好收起來。
- **多層格收納盒是專門為你設計的！**你可以用來裝比較小件的物品，並把它們堆疊起來。
- **接受「夠用就好」的收納**。放下完美主義，可以幫助你完成更多事情。

真希望除了要求你「做事隨便一點」之外，我還能有更多寶貴的建議可以提供給你。老實說，你天生就是個非常有條有理的人。你對完美的追求，是你擁有實用清爽住家的唯一阻礙。一旦你可以放下自我懷疑，並接受你天生的整理收納超能力的話，嗯……就可以換我開始向你尋求整理收納的建議了！

The Cricket

蟋蟀人證言

索娜爾

印度

妳幫助我和家人了解自己，尤其是我老公，真是感激不盡。我是蟋蟀人，而他是蝴蝶人，所以我對他總是沒辦法依照我的規矩，感到很挫折。現在妳讓我了解了他的情況，我就可以用他的方式來整理他的東西。我在公用區域保有彈性，但在我的空間，我就可以完全做自己，整理得超級整齊。

“

艾蜜莉
俄亥俄州

我得和妳聯絡並致謝，妳讓我家產生了轉變。我是蟋蟀人，我覺得自己很有條理，但我家永遠看起來都是亂的。到處都有我的雜物堆，感覺和我心裡的完美主義者就是背道而馳。妳讓我知道我會這麼亂，是因為我是個完美主義者——而不是即使我是完美主義者還是亂七八糟。我開始用大分類整理，真的有用。我知道這不會一直持續下去，等我有空時，就可以把它弄得很完美；但目前那些雜物堆都消失了，我家現在的樣子，真的讓我覺得很開心。

”

“

戴夫
美國

我從來都沒寫過這種信，但我還是寫了。我老婆叫我做妳的測驗，我本來覺得那都是屁話，可是在我讀完描述後，就有種一針見血的感覺。我是蟋蟀人，我老婆是蝴蝶人。面對她的一團混亂，我已經快到崩潰的臨界點了。我不知道為什麼，但在讀到她的想法就是和我不一樣時，卻真的很有共鳴。總之，我們正在準備讓她放自己東西的新空間。我把我們房間的衣櫥門拆了，我是不喜歡，但她已經會把她的衣服掛回去，而不是丟在地上。這是二十一年來，我第一次看到家裡真的有進步。所以謝囉，昆蟲女孩。

”

Chapter 10

和蟋蟀人一起生活或工作

The Cricket

蟋蟀人需要接受「夠用就好」，
做出讓步，簡化收納系統；
但你同時要尊重他們的作風，
給予專屬空間，以減輕其焦慮。

我的先生是蟋蟀人

我和一個蟋蟀人一起生活了十七年，我告訴你，這其實還滿棒的。大部分時候，蟋蟀人都會固定自己打掃和整理，對共用空間來說，是一個很大的附加好處。

有很多人問我：「我要怎麼讓另一半自己幫自己收拾？」雖然這有很多策略，但我本人從來不用體驗這種困境。我先生喬比我乾淨整齊多了。

把東西收好這件事對蟋蟀人來說極度重要，所以最大的問題不在於他們會不會整理自己的雜物，而是他們周遭的其他人整不整理。

每天早上當喬準備上班時，一定會因為我的各種保養品散落在浴室洗手檯上而發脾氣。我早上沒辦法在不徹底摧毀浴室的情況下梳洗完畢，那是不可能發生的事。我比較會弄好之後再回頭收拾，不過梳洗的時候，浴室看起來總是像遭了小偷一樣；但喬一用完每樣東西就會立刻把它放回去。你可能會覺得女人才會煩惱自己的保養品爆炸多，但我向你保證，我先生的保養品也多到很誇張的地步。

蟋蟀人無論性別，對自己所做的每件事情都一絲不苟，這可能很嚇人。在別人無法達到他們的高標準期望時，他們會很挫折。所以，當他們和其他類型共用空間時，局勢就會變得很緊張。

我們結婚的前幾年，我先生對我一團糟的生活習性很無力。我不停搞丟鑰匙、忘記重要文件，雜亂無章是我的正常發揮。他多次試圖教我使用他的文件歸檔系統，但都沒有用。

黛博拉・赫瑞蒂奇（Deborah Heritage）／提供

「把繳完的信用卡帳單放進標著『信用卡』的資料夾，到底有多難？」他在書桌抽屜被塞得亂七八糟的文件裡，翻找帳單時，就會理智斷線。

「喬，對不起。」我只好道歉——我已經道歉過一百次了。他會翻白眼然後嘆氣，似乎在暗示我，他覺得我一點都不抱歉。我不是故意不用他設置的歸檔系統，我甚至連想都不會想到。我繳完帳單就會繼續去做其他事，而不是停下來使用他熱愛的超複雜精密系統。

在喬終於了解我天生的收納人格，以及我和他到底有多不一樣之後（我逼他做了測驗，還要把每種不同類型的敘述看完），他就能稍微放寬對我的期望，也順便放鬆他對自己的期望。理解可以促成容忍，既然我們現在都已經了解各自行為背後的原因，就不會再有因為期待沒被滿足而造成的埋怨。

對蟋蟀人來說，期望他的家人、室友或同事要遵守他對細節和完美的標準，是不切實際的。因此，他的妥協非常重要。

如果你和蟋蟀人一起生活或工作，並且為了要符合他們的高度期望而感到壓力，或是因為無法達成而覺得窘迫的話，就

鼓勵他們讀這本書吧。只要能了解這四種收納人格，他們就更有可能在他們的理想和期望上，進行折衷與調整。

堆積如山

我沒有說和蟋蟀人一起生活絕對都很輕鬆，他們一定也有混亂的時候。**他們對簡潔視覺的需求，會被他們對完美的要求癱瘓，所以蟋蟀人算是典型的囤積者。**他們會把東西堆起來「之後」再好好收拾，但有時，那個「之後」永遠不會來。

喬以前都會堆東西，我告訴你，這些雜物堆是我存在的剋星。很多蟋蟀人都一樣，**文件是他們最大的問題，因為整理文件需要持續不懈地維持。**對一個真的層層細分的收納系統的需求，代表蟋蟀人比較喜歡有大量分類的歸檔系統。檔案櫃或檔案箱是他們收納文件的首選，但是建立一個精細的歸檔系統需要時間。即使真的建立起來了，要維持一個詳盡分類的文件系統也是曠日費時。每個禮拜都需要特地花很多時間，才能幫每份帳單、月結單或其他郵件仔細分類。如果這個系統太複雜的話，許多蟋蟀人要使用時，就會拖到他們有「更多時間」的時候。

這種對整理文件的拖延，是很多很多年來折磨我的婚姻的最大問題。在我們剛結婚時，喬是負責繳帳單的人。他對理財一向比我精明得多，所以這個任務由他負責也很合理。每天收到的郵件都會疊在我們小小的書桌上，喬「之後」就會去繳。他因為怕忘記，所以不想把這疊信件收起來；但他也不想每天下班回家之後，都立刻花時間處理它們。你大概可以想像，到了週末，郵件堆會愈疊愈高，桌子就變得沒辦法用。我「整理」的時候，我的瓢蟲腦會堅持那堆紙要立刻離開我的視線，所以我會把它們藏在辦公室的某個地方。

沒了視覺提醒，喬就會忘記有那堆紙，然後就有一兩張帳單遲繳，或是一起憑空消失。我的蟋蟀先生會氣我把那疊東西收起來，我則唸他一開始不要疊起來不就沒事了。我們玩這個荒謬的遊戲玩了超久，花了三年才嘗試別種不同的解決方法。

我們試的第一個解決方式，是換我來繳帳單和整理郵件。我討厭看見雜物，所以我會把信件收在籃子裡，然後一個禮拜付一次帳單。但在我處理完，要把所有繳費收據歸檔時，情況就會急轉直下。喬花時間打造了一個超棒的歸檔系統，你想像得到的每一種文件都有自己的分類。我的瓢蟲腦不會分類分得這麼細，所以我就把這些紙都藏在任何它們塞得進去的地方。如果喬需要哪份我「歸好檔」的文件，就得啟動搜索。每到報稅季必定上演的就是——讓人心累的捉迷藏、消失的文件，還有完全有立場生氣的喬，三者加起來絕對是一場惡夢。更糟的是，我們玩這個發神經的尋紙遊戲又玩了三年，才又試了另外一種方法。

最後對我倆都有用的方式，是我們各自整理類型的結合。**我們選了一個桌上型資料夾，清楚貼上「收到的信件」的標籤**，這樣喬仍可以把信都丟進去，再自己找時間整理。這種看得見的程度剛好可以讓他記得，但對我來說也不會造成太大干擾。一旦喬繳好帳單、分類好信件之後，他會把所有文件分成兩大類，「家庭」和「工作」。我買了兩個大箱子，也貼上這兩個相同的分類標籤，我們便都有了一個比較輕鬆的方式，來把這些文件保留到稅季。

這當然不是蟋蟀人的理想系統，如果他想從其中一個箱子裡找某份文件的話，的確得仔細找，才能找到他需要的東西。對我的瓢蟲腦來說，它也不完美，因為我更希望不要把郵件分類系統放在書桌上，而是用貼好標籤的盒子收進櫃子裡。但這就是讓步的藝術，對我們倆而言，這個系統行得通。我們都知道每樣東西放在哪兒，再也不會有東西不見，也不再為文件堆吵架了。

我先生的懶蟲故事

在我們家裡，我把喬的個人空間放逐到車庫去。我知道這樣很壞心（更不用說還帶點刻板印象），但我們家大約只有十一坪，再加上三個小孩，實在沒辦法有專屬老爸的空間了。而且喬熱愛木工、修理和各種修修補補，所以車庫就是他個人的男人窩也很合理。

但不幸的是，對喬來說，車庫並不是專屬他一個人的。我們家都從車庫進出，還放了腳踏車、運動裝備和其他車庫相關的東西。

可憐的喬，我們家唯一一個可以讓他發揮自己蟋蟀性格的空間，裝滿了一大堆根本就不是他的東西。

我不整理這個地方，表示我也從來不打掃這裡。這是他一個人要整理的，但是有那麼多無家可歸的物品，就把他的完美主義者腦袋給淹沒了，和我其他的蟋蟀人客戶一樣。「我要從哪裡下手？什麼是最好的收納系統？我要怎麼確實把這些類別通通整理收納好？」就在他試著想出一個計畫時，繼續堆在車庫裡的東西愈來愈多。

喬在車庫裡最大的困難是他的工具。他想要用非常詳盡的分類方式把它們收起來，所以於此同時，他整整齊齊地堆了許多小堆，堆到整個車庫地上都是，最後甚至連在車庫裡走動的空間都沒有。然後，他的焦慮就轉移到他消失或故障的工具上。他一方面不想要自己的工具全部攤開放在外面，但在設計好適合的系統之前，又不想把它們收起來。

接著，就像我其他蟋蟀人客戶一樣，這種癱瘓在他們身上太常見了，需要藉由變換優先順序來克服。

對喬來說，當他終於放棄過度計畫和過度思考，決定採取行動時，轉變才開始發生。他不再拖延，花了整個週末整理車庫。要處理這種雜亂的龐然大物，他得先脫下他的完美主義、寄放在衣帽間才行。

我們的車庫上方有一個大空間，要用老舊的下拉式梯子才上得去。在我們買這棟房子時，喬最初的計畫是搭一座新樓梯，就可以上到他的夢幻工作室兼他所有工具的儲藏室。我們搬進來三年後，這個空間還是空空如也，但車庫的底層完全是個災難。

喬把中間的這幾年用來研究最棒的工具箱和工作室收納系統。如果他找不到剛好合適的，就想要自己做。他設計了蓋樓梯的最佳方式，這樣才不會占去太多車庫地板的空間。他反覆設計了自己的夢幻工作室，希望確保每件物品都能好好地收起來。

一旦喬放棄了他對自己夢幻工作室的理想憧憬，他才可以接受「夠用就好」的整理收納，並開始把他的工具移到那個未完成的空間。他開始概略地分類（喬真是個好學生，他真的有聽我的話），把電動工具分成一堆，手工具分到另外一堆。他先暫停自己理想中的分類細節，這樣的話，他至少可以先把工具分類好並收起來，作為一個開始。

在短短的一個禮拜內，喬把他所有的工具和材料都搬到樓中樓，他現在有他專屬的個人工作室了。這裡並不完美，而且他還是得靠拉下那座搖搖晃晃的老梯子才能進出，但至少是個開始。藉由降低他的期望，他才能夠遏止完美主義者的拖延症，並且終於開始動手打造自己的空間。

在初步粗略整理之後，喬把整理工作室當成生活中的優先事項。他一週至少安排一個小時，來為工具和材料設置分類精密的收納系統。他一絲不苟地將釘子、螺絲和螺栓分類放進多層格收納盒裡，甚至還用文件歸檔系統來幫他的砂紙依照顆粒粗細分類，也花時間把每個小抽屜、罐子和分隔板都貼上標籤。三個月後，他夢想中的工作室終於完成。

現在，喬的工作室就是蟋蟀人收納的理想樣貌。每樣東西都經過完美的整理，收納在特製的小櫃子裡。他的工作檯完全沒有雜物，而且他雖常做木工，你要找到一粒灰塵卻很困難。這裡顯然是我們整個家裡最井井有條的空間，而且要維持這麼詳盡精密的收納系統，喬一點問題都沒有。

ELECTRICAL
COMM. WIRING
ELECTRICAL DEVICES
FLAT HEAD WOOD SCREWS
LAG SCREWS
NAILS

喬的工作室

最後，喬的工作室成為他夢寐以求的樣子，但必須先透過降低最初的期望，才能走到這一步。這就是幫助蟋蟀人克服完美主義可能帶來的猶疑不決和拖延症的祕密：一開始就先接受「夠用就好」的整理收納。

蟋蟀人的行動計畫

只要是遇上整理收納，或要達成人生中的任何目標時，對蟋蟀人很重要的一點，是他們必須先放下他們加諸在自己身上的高度期望，以一個簡單、概略的方式來計畫。

每個蟋蟀人都不一樣，但如果你身邊的蟋蟀人真的對開始動手這件事很有障礙，你可以在蟋蟀人整理收納的前兩個步驟伸出援手，讓他們放手去做自己最強的部分，也就是第三步。

第一步——大致整理：在整理一個空間時，先從把東西分成大類開始。如果你分類的是工具，就先把手工具放成一堆，電動工具再放到另一堆。不要一開始就被分散注意力，去分類不同的螺絲起子或不同的手工具類別等等；注重分類細節和層次分明，永遠都是最後一步。

第二步——為它們找一個家：一旦你分出大類之後，就要決定每個類別應該放在哪裡。對許多蟋蟀人來說，這一步也可能是突然殺出的程咬金；舉工具來當例子吧。也許你決定要把手工具放進工具箱裡，但當下可能找不到或買不起理想的工具箱，於是你很可能會想等將來找到完美的工具箱之後再說。**別這樣，要接受夠用就好。**使用舊抽屜，必要的話甚至可以用空箱子；只要確保每樣東西都有規劃過的位置就好。記住，你還有接下來的人生可以回頭把它改到十全十美；今天的話，只要先夠用就好。

第三步——詳盡分類：只要每樣東西都已經經過大致分類，也有專屬的家之後，就是讓你的蟋蟀魂甦醒，為一個詳盡分類的系統創造層次分明類別的時候了。在你進行的同時，記得要幫每個收納處都貼上標籤，因為當你有超多小分類時，會很容易忘記東西放在哪裡。這個過程很花時間，所以你在計畫要多久才能達成完美系統時，記得實際一點。我建議你每週排三十分鐘來進行細微的分類，把想要一夜完成的渴望拋諸腦後，如此這個過程的負擔才不會太大，你也比較不會有挫敗感。

為蟋蟀人的執著保留適當空間

協調不同整理類型的黃金法則，是**優先考慮豐富視覺和簡單收納的整理術**。很不幸的，**對蟋蟀人來說，這代表他們對簡潔視覺的需求和對細節收納系統的渴望都得讓步**。抱歉啦，蟋蟀人。你還是可以有個整潔實用的居家，但你必須調整自己的期望，才能讓每個人都辦得到。

如果蟋蟀人和蜜蜂人或蝴蝶人生活在一起，他們必須預設採用視覺派的整理收納，也就表示若想維持長時間的整齊，就得使用開放式層架、大量的掛鉤、標籤和透明收納盒。家裡的起居室也要注重視覺呈現，掛曆、待辦清單和信件分類系統絕對必要。掛外套、皮包和背包的掛鉤，比

想把東西收在櫃子門後要實用多了。日常用品得容易取用和被看見，而且蟋蟀人在鼓勵其他視覺系昆蟲放手丟掉沒用的東西時，也要保持耐心。

另外，蟋蟀人也得優先使用簡單的收納系統，分類比較少、也比較簡略。你可能只需要一個籃子來放付完的帳單，也只需要一個盒子來裝所有的急救藥品，從ＯＫ繃到止痛藥的每樣東西都算在內。記得使用大型的開放式收納用品，才是蝴蝶人和瓢蟲人的成功關鍵。他們必須在不用多想如何分類的情況下，就直接把東西丟回該放的地方。雖然比起蟋蟀人想要的理想，這種方式顯得毫無規則，但每件物品都有自己專屬的家，也可以輕鬆收好的話，就可以大幅減輕外觀上的凌亂。

由於蟋蟀人在這些方面一概都是讓步，因此重要的是要給他們個人的專屬空間，讓他們可以依照自己的個人風格來整理收納。這個空間可以是工作室、辦公室、車庫，或甚至只是他們專用的櫥櫃。蟋蟀人對細節和功能性的需求不只是表面上的，這對幫助他們減緩焦慮來說是關鍵。視覺上簡潔又整理得有條有理的空間，可以讓他們的心靈平靜，也讓他們永遠知道什麼東西放在哪裡。他們喜歡秩序和結構，所以家裡至少要有某些地方，是可以讓他們享受秩序和結構的，這很重要。

在蟋蟀人的個人空間裡，他們必須可以為所欲為，要分類到多細都隨他們高興。記住，要打造一個蟋蟀人的系統很耗時，所以在他們付諸實行時請保持耐心。細節導向的收納系統需要十倍的心力才能設置完成，而且想維持下去，也得花費相同的努力和時間。詳盡分類的好處，是每樣物品都可以更容易地找到，而且一旦設置好了，繼續保持對蟋蟀人來說一點問題都沒有。

雖然讓蟋蟀人在公共空間優先使用大分類的收納非常重要，但讓蟋蟀人有空間可以展現他們對細節和分類的熱衷的重要性，也不遑多讓。他們需要以功能性真的非常強大的方式來整理自己的物品，所以請確保他們可以擁有一些專屬的個人空間來投入這件事。

關於和蟋蟀人一起生活或工作，我最後的忠告是：**不要移動他們的雜物堆。你能做的最糟糕的事，就是移動他們的小雜物堆，又把它們藏起來。**蟋蟀人很可能會忘記那堆東西裡面有什麼，這只會正當化他們的恐懼，並且增加他們將來對囤積的需求而已。不管怎樣，在時間急迫時，那就是蟋蟀人預設的應對方式。雖然我們其他人可能很難理解，但你的蟋蟀要嘛就是因為有自己的理由，才分類整理出這些看似完全亂放的雜物堆；要嘛就是大概知道哪天他要找什麼東西時，要去哪一堆裡面找。這些雜物堆之所以出現，都是因為害怕實體物品被搞丟或亂放，或是寫在紙上的東西也會立刻忘記。他們很怕忘記、弄丟東西，或是在整理時犯了什麼錯誤。這些雜物堆只是他們思慮不周的應付策略而已。

那你可以怎麼做？幫你的蟋蟀人和這堆雜物打造一個「夠用就好」的系統。有時候只需要一個簡單的籃子就可以把它們裝起來，當籃子愈裝愈滿時，還可以變成一個視覺上的提醒：該是清空它的時候了（想想看我前幾章說過的，在我們家裡使用的「無家可歸的雜物籃」）。有時候也可能得為那些已經累積起來的雜物找一個新家，但**若你要移動這些東西，請務必尊重蟋蟀人，而且一定要把收納地點標示出來，才能幫助他們減輕焦慮。**

我可能有點偏心，但事實上，蟋蟀人真的是很棒的室友、伴侶和同事。一點溝通和讓步，就可以打造出對所有人都覺得好用的空間。的確，不管要融合的昆蟲類型會是哪些，溝通和讓步都是關鍵。

Chapter 11

升級

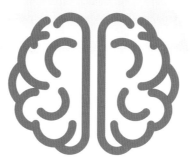

Clutterbug

我決定把自己的家當成一份事業，
而我本人就是執行長，
之後，一切都改變了。

人生(有點)像在打電動

阿姆在〈喜歡你說謊的方式〉（Love the Way You Lie）這首歌裡說：「人生不是在打任天堂」，請恕我不這麼認為。我們從峭壁掉下去之後，無法讓人生的遊戲重來——關於這點他是對的——但我們在往下一關前進之前，的確需要先解決這一關。

在人生中升級是我真心相信的假設。概念很簡單：我們都想從生活中得到更多，像是為我們喜愛的人和嗜好多保留一點時間，在銀行裡存更多錢，還要有更多能讓我們幸福快樂的事物。想要成長與成功是人類的天性，升級是累積經驗的過程。**在可以朝更大、更好的未來邁進之前，我們必須先掌握現在手裡擁有的。**

在我的人生中，我總是渴望著下一步。更大的住處，更多時間，當然還有更多錢。我想要擴展業務，延伸品牌，將證照、甚至是將來的代理經銷都包含在內。但要是我不能掌握現有的業務規模，讓它更有效率的話，我就無法從生活中得到上述的其中一項。如果我連現有的業務都幾乎無法搞定的話，怎麼可能接更多工作？

所以你若夢想著為你喜歡的人事物保留多一點時間、為更大的家族換間更大的房子、好一點的車，或是在銀行裡多存點錢的話，就必須先像個老闆一樣，管理與維持好你現在的房子、車子和財務。

像個老闆一樣來管理你家

我從一份管理非營利組織的工作離職之後，變成全職媽媽。我告訴你，這對我來說真是天大的覺醒。我是個雜亂無章的媽媽，不管做什麼都會遲到，什麼東西都找不到，我老覺得快抓狂，壓力一直很大。為什麼我在上班時可以管理一間繁忙的辦公室和各種組織規劃，卻似乎無法管好家裡？

真相是什麼？是我沒有嘗試以經營事業的方式，去管理我的家，卻只是想要一天混過一天而已。我上班時，每天早上一起床就是沖澡、整理髮型，然後穿上套裝。我在家時，整天都穿睡衣。上班的我，有一本行事曆和重要待辦事項清單，上面還有期限和預期結果，讓我為自己的工作負責，也給我促使自己把事情做完的動機。在家的我，嗯，沒有行事曆，也沒有什麼責任好負，結果就沒什麼幹勁。我陪小孩玩，把家裡維持得算是乾淨，但除此之外，沒有需要達成的期望。

在我決定把自己的家當成一份事業，而我本人就是執行長的那一天起，一切都改變了。

我強迫自己每天早上穿著整齊，這對我的一天有很大的影響。如果我穿著睡衣，不管是一天中的哪個時間，都會覺得又累又懶洋洋的。當我衣衫整齊的時候，感覺就比較清醒、有活力。順帶一提，如果突然有人來家裡，身上有褲子可以穿還是很不錯的！

我做了一個簡單的每日行事曆，把它貼在冰箱上，作為該做什麼事、要做到什麼程度的視覺提醒。沒錯，我得強迫自己遵守規則；一開始真的很難，但我不斷提醒自己，把我當家庭主婦的這份工作視為有給職。**如果我付錢找人來照顧小孩和打理家裡，我會期待那個人有怎樣的表現？**我每天都問自己這個問題，然後盡力照著做。幾週後，行事曆對我來說已習慣成自然，不再是負擔或待做的家庭雜務了。一旦我掌握了自己的日常行程，就開始增加比較大的任務，例如結構化遊戲、和小孩一起做作業，也固定安排在家裡做ＤＩＹ裝修計畫的時間。

最後，我的日常例行公事被簡化了，我發現要在我愈來愈長的待辦清單裡，完成每一件事情，也變得比較容易。雖然做的事比以往都還要多，我卻覺得比以前有了更多的自由時間。我已經升級了！全職媽媽這檔事我已爐火純青，這表示我現在每天有多餘的時間，可以增加新的活動。我就是在那時候開始研究昆蟲收納術的。

結構就是自由

我和很多人一樣（也許你也是這樣），有很長一段時間都抗拒結構。對我來說，結構感覺就像是服從。我想要我的安排，在面對任何有可能出現的事物時，都是自由開放的——所以我完全沒有安排。我告訴自己，我是「活在當下」，以及例行公事是死板的創意殺手。我有很多抗拒結構的理由，不過那時我真是錯得離譜。

在沒安排正向又有效率的例行公事的情況下，我卻不知不覺創造出另一項例行公事——排滿了沒效率又造成反效果的負面習慣。每天我都浪費好幾個小時上網、看電視，卻一直覺得沒時間做自己真正想做的事。如果我的日子沒有結構，每件事情都要拖得更久才能完成。我覺得自己很忙，但一點效率都沒有。我的目標和抱負一件都沒有達成，因為我沒有為了達成而採取任何積極的行動。

安排並遵循行事曆和待辦事項清單，給了我以前從來沒有過的充裕時間。我知道這聽起來很瘋狂又反直覺，但這是真的！不管你是蜜蜂人、蝴蝶人、蟋蟀人或瓢蟲人，我們都需要日常的結構和例行公事來讓生活輕鬆一點。

所以，既然現在你已經知道你的收納人格，那麼該是時候開始在你的生活中進行真正的改變了。升級的時間到了！

如果你想要掌握你的家庭、財務和生活，只要一個簡單的計畫就可以開始。做一個你每天想要完成的基本任務行事曆，等到你對你的每日行事曆熟悉到游刃有餘的地步時，就可以開始在你的每日、每週及每月行事曆增加更多目標。

好好整理應該會是每個人的目標，你可以從每天固定打掃十分鐘的基礎開始。慢慢來，在關注細節之前，你得先專注在整體上。一旦你精通每天打掃的這個等級之後，就可以新增十五到二十分鐘的特定任務，例如整理塞滿雜物的抽屜，或是清理冰箱。在你進行時，記得打造符合你和每個家人的昆蟲特質的全新收納系統。只要你完成一個新目標，不管多微不足道，都要好好犒賞自己，因為你很棒！你所走的每一小步，都會累積在你前一天走的一小步上，讓你不知不覺地在整理收納上升級。長期累積的小小成功，可以加總成大大的改變。

精通家裡的整理收納，是你可以學會的眾多超實用技能之一。首先，要達成非常容易，只需要堅持不懈就可以了。其次，它是你通向你人生中許多其他等級的途徑。如果你能掌握自己的家，就會自然覺得自己可以掌握整個人生。整理得有條有理讓你有機會取得更多時間、金錢，也能大幅減輕你的壓力。一個乾淨整齊的住家，會在你每晚入睡時，給你平靜和放鬆的感覺，也會在你醒來時，為你注入活力與幹勁。

以我而言，我的生活有了戲劇性的轉變。我不再覺得慌張，也有更多時間可以留給家人和我喜愛的興趣。我不再一直重複買已經有的東西、不再忘記繳帳單，也不會再浪費錢購入不適合我的收納系統。我得以在家創業，也確實有這個空間、時間和自信去做。也許這是我的潛意識、正面思考的力量，或單純只是我第一次覺得自己對人生有把握。我真的不知道，也許是上述原因的總和吧。**我的重點是，成為你家的老闆會賦予你能力——讓你成為自己整個精彩人生的老闆吧！**有其他成千上萬個家庭，他們也因為了解自己的特質，能夠一勞永逸地處理好收納的課題後，方能感覺到正面的影響。

就是今天

今天是全新的一頁，我的朋友。就在這一天，你要開始你條理分明的新生活。好好把握、好好規劃，現在就立刻開始。為自己寫一張簡單的待辦事項清單，製作新的每日行事曆，帶著全新的熱忱投入整理與收納。丟掉沒用的東西，打造適合你整理風格的新系統，並為所有看得到的盒子和籃子都貼上標籤。

在你覺得挫折時，請記住，你周圍的亂七八糟並不是一天造成的，所以它也不會一天就消失，處理雜物和整理都需要時間。千萬不要絕望：你不只是在讓你家的功能性變得更強大而已，你也正在學習一個能讓你在人生中升級的技能。

可能會有幾天你仍依賴著舊習慣，但沒關係，明天再試一次就好。我向你保證，你只要持續下去，就可以得到那個乾淨清爽的家。我的經驗顯示，如果你在居家環境上建立了新的日常習慣，人生中的其他每個面向也會大大改善。既然你現在已經真正了解自我以及你的整理特質了，就不要再去設置那些會讓你失敗的系統，而是創造出你早就知道自己辦得到的積極、持久的改變。

先從小地方開始。你前方堆積如山的髒亂和要做的事是個龐然大物，一次咬一口就好。只要專心整理一堆雜物、一個抽屜或一個櫃子，完成之後再繼續下一個。每次的勝利都要慶祝。要成為收納達人，你所踏出的步伐都值得為其手舞足蹈，因為即將來臨的重大改變，就是源於這些微小的起步。

以下的一些簡單步驟，可以幫助你有個好的開始：

做一張簡單的待辦事項清單。選八到十個你想完成的小任務。「打掃車庫」這個任務太龐大、難以招架，但「把車庫裡沒在穿的鞋處理掉」感覺起來就可行得多，從這裡動手就很理想。

排列優先順序。做完待辦清單之後，在「最重要的任務」旁畫三個點點，「中等重要」畫兩個點點，而對你的一天影響最小的任務，則畫一個點點（這一章後面有待辦事項清單的範例），並且一定要從優先順序最前面的任務開始。我把這種時間管理的方式稱為「吃青蛙」，它源自於博恩·崔西（Brian Tracy）的生產力書籍《時間管理：先吃掉那隻青蛙》（*Eat That Frog!: 21 Great Ways to Stop Procrastinating and Get More Done in Less Time*）。博恩用這個譬喻想表達的事情很簡單：先對付你清單上最重要、最不吸引人的任務，相較之下，就會讓清單上的其他事情相對容易許多。他引用來命名的，是馬克·吐溫（Mark Twain）的一句話：「早上起來的第一件事就是生吃一隻青蛙的話，接下來的一整天就不會再發生什麼更糟糕的事情了。」

把每一件事情做完。我有注意力不足過動症，所以很了解容易分心這回事。這就是為什麼你做出一張清單，只列出可以輕鬆達成的小型目標是很重要的。在開始下一件事之前，把每一件事情都徹底完成也很重要。留下一個事情做到一半的尾巴，會偷走你的動力，並且阻礙你的進度。沒有什麼事情，比把清單上做完的事項刪掉更痛快的了。這種溫暖柔順的完成感，就是激勵你在邁向收納達人的道路上持續前進的要素。花點時間表揚並慶祝這每一個小小的勝利。

只要了解你的特質，並且依照這三個簡單的步驟，你終能戰勝凌亂。

不管你是蝴蝶人、蜜蜂人、瓢蟲人或蟋蟀人，這些策略都會奏效。如果好好遵守，你就可以變得有條有理。就算你已經在髒亂的狗窩住了幾十年、失去所有可能改變的希望也沒關係，每個人都有可能好好整理自己的生活。

謝謝你讓我在你的旅程中占了一小部分。我很開心你已經走到這一步了，也很榮幸你從我的書裡尋求協助。不過，我對你的激勵、告訴你的性格觀察和實用工具，都只能幫你到這裡而已。現在你得拿起你學到的工具，捲起袖子，然後付諸實踐。你才是唯一能讓你的目標——整齊清爽的居家和更沒有壓力的生活——成真的人。相信自己，我的小昆蟲，你的夢想就會成真，這是你應得的。

待辦事項清單

○

○

○

○

○

○

○

○

○

○

○

○

本日計畫

日期

優先處理

1.

2.

3.

運動

飲水

進食

早餐

午餐

晚餐

點心

早上

下午

晚上

備註

今日行事曆

行程表

6 am.

7

8

9

10

11

12 pm.

13

14

15

16

17

18

19

20

21

22

日期

下午

一定要做的事！

致謝

我超感謝幫我生出這本書的每一位功臣。

喬，總是支持我的先生：你的聰明與穩重的舉止完美地平衡了我的瘋狂，我真的很感激。在生命的旅途中，我很幸運可以成為你的夥伴，你一直都是我的羅盤。

我的孩子們，伊茲、艾比和米羅：沒有你們的話，我到底要怎麼辦啊？你們給了我永遠都想像不到的使命感和喜悅。和你們在一起很歡樂，你們是我最好的朋友。

我的出版社，Mango：很感謝你們給我機會。能和你們合作是非常好的經驗，你們為我做的一切，我感激不盡。

我的編輯們——雨果、MJ、史蒂芬妮、戴文與安德莉亞：你們超讚！你們幫我釐清我亂七八糟的想法，將它們變得清晰又精確。你們每個人都很有天分，非常感激你們的智慧和專業。

我的助理，艾莉莎：有妳在真的很幸運！我每天都能從妳身上學到新東西，妳為我的業務凸顯了一些很必要的重點，真的很謝謝妳。妳將來成為名製片人的時候，不要忘了我！

我超棒的線上社群：我愛你們。特別感謝為這本書提供照片的人。我每一天都因為你們的支持、鼓勵，以及在各自生活中所達成的轉變，而受到感動和激勵。這本書是寫給你們的，就為了你們。

認識你的收納人格

從個性出發，輕鬆打造好整理、不復亂、更具個人風格的理想空間

The Clutter Connection:

How Your Personality Type Determines Why You Organize the Way You Do

作　　者　卡桑德拉・阿爾森（Cassandra Aarssen）
譯　　者　林幼嵐
社　　長　陳蕙慧
副總編輯　戴偉傑
主　　編　李佩璇
特約編輯　李偉涵
行銷企劃　陳雅雯、尹子麟、余一霞、許律雯
封面設計　比比司工作室
內頁排版　李偉涵
讀書共和國出版集團社長　郭重興
發行人兼出版總監　曾大福
出　　版　木馬文化事業股份有限公司
發　　行　遠足文化事業股份有限公司
地　　址　231 新北市新店區民權路 108-3 號 8 樓
電　　話　(02)22181417
傳　　真　(02)22180727
Email　service@bookrep.com.tw
郵撥帳號　19588272 木馬文化事業股份有限公司
客服專線　0800-221-029
法律顧問　華洋國際專利商標事務所　蘇文生律師
印　　刷　凱林彩印股份有限公司

初　　版　2022 年 1 月
定　　價　400 元

ISBN　9786263140875（紙本）
9786263141117（PDF）
9786263141124（EPUB）

國家圖書館出版品預行編目 (CIP) 資料

認識你的收納人格：從個性出發，輕鬆打造好整理、不復亂、更具個人風格的理想空間／卡桑德拉・阿爾森（Cassandra Aarssen）著；林幼嵐譯 . -- 初版 . -- 新北市 : 木馬文化事業股份有限公司出版 : 遠足文化事業股份有限公司發行，2022.01　256 面；14.8 x 21　公分
譯自 : The clutter connection : how your personality type determines why you organize the way you do

ISBN 978-626-314-087-5（平裝）

1. 家庭佈置 2. 空間設計 3. 生活指導

422.5　　110019699

Photos courtesy of: Arcelia Fernandez, Nicole Vögeli, Sasha Cushing, Jeanine M. Haack, Christa Schoolfield, Cassie Scott, Annie Wieler, DeborahHutchinson, Jennifer Stone, Indraja Panchumarthi, Mariana Kaczmarek,Sasha Cushing, Christina Dennis, Joan Mykyte, Sarah J Graber, Elise Fredriks, Christina Dennis, Rachel Dowd, Sharon Carter, Christina Dennis, Nikki Boyd, Amy James, Deborah Heritage, Gail Evans, Samantha Dougherty, LorenaCorp, Christina Delp, Leslie Whitley, Alexandra Simon, Lindsay Droke, WendyLau, Famina Skaria, and Alysha Baker